新一代信息技术系列教材

基于新信息技术的
软件工程与UML教程

主　编　苏秀芝　马　庆　周海珍
副主编　左国才　刘　群　谢钟扬　左向荣
　　　　罗　杰　董海峰　王　康　谢　虎
　　　　彭　颖　魏红伟
主　审　符开耀　王　雷

U0378508

西安电子科技大学出版社

内 容 简 介

　　本书以工作过程导向、任务驱动模式教学法等职业教育中的最新理念为基础，结合实际生活、学习、职业工作过程以及真实案例，归纳出 14 个教学项目，重点突出课程的知识目标和能力目标。本书图文并茂，结构清晰，表达流畅，内容丰富实用。全书共分为 14 个项目，内容主要包括：软件工程基础、问题定义及可行性研究、需求分析、软件设计、软件实现、软件交付与维护、认识 UML、Rational Rose 简介、需求建模、静态建模、动态建模、物理建模、双向工程及 UML 建模综合案例。每个项目都有知识目标和能力目标，在各项目训练中分别融入了软件开发岗位各项职业能力需求元素，从而实现该课程与岗位的对接。

　　本书可作为高等职业院校软件技术专业的教材，也可作为相关人员的培训教材。

图书在版编目(CIP)数据

基于新信息技术的软件工程与 UML 教程 / 苏秀芝，马庆，周海珍主编. —西安：西安电子科技大学出版社，2018.8 (2021.7 重印)
ISBN 978 - 7 - 5606 - 5035 - 7

Ⅰ.① 基… Ⅱ.① 苏… ② 马… ③ 周… Ⅲ.① 软件工程—教材 ② 面向对象语言—程序设计—教材 Ⅳ.① TP311.5 ② TP312

中国版本图书馆 CIP 数据核字(2018)第 191446 号

策划编辑　杨丕勇
责任编辑　梁　萌　杨丕勇
出版发行　西安电子科技大学出版社(西安市太白南路 2 号)
电　　话　(029)88202421　88201467　　　　　邮　编　710071
网　　址　www.xduph.com　　　　　　电子邮箱　xdupfxb001@163.com
经　　销　新华书店
印刷单位　咸阳华盛印务有限责任公司
版　　次　2018 年 8 月第 1 版　　2021 年 7 月第 4 次印刷
开　　本　787 毫米×1092 毫米　1/16　印 张 15.5
字　　数　365 千字
印　　数　6001～9000 册
定　　价　39.00 元
ISBN 978 - 7 - 5606 - 5035 - 7/TP
XDUP 5337001-4
如有印装问题可调换

前 言　PREFACE

　　"软件工程与 UML"是高等职业教育软件技术专业核心课程之一。它是一门操作性和实践性都很强的课程,通过本课程的学习,学生不仅能了解需求分析、设计、实现和测试等软件开发全过程的相关原理和概念,而且能掌握当前 UML 建模等主流软件开发方法和技术,同时可具备使用 Rose 等主流建模工具进行实际软件项目开发的能力。

　　本书始终贯彻"项目教学"的思想,采用"任务驱动"的方式,遵循高职学生的学习习惯,以及程序员、软件设计师等岗位工作过程与能力培养的基本规律,以真实工作任务及过程整合学习内容,科学设计学习任务,采用递进和并列相结合的方式组织编写,强调理论与实践的一体化。

　　本书主要有以下特色:

　　(1) 合理的知识结构。本书的定位是读者具备一定的程序设计能力和面向对象编程知识。建模过程按"需求建模"、"静态建模"、"动态建模"和"物理建模"展开。

　　(2) 真实的案例教学。在真实的"图书管理系统"软件项目建模实践基础上,本书经过精心设计,将项目分解为多个既独立又具有一定联系的任务,学生在完成任务的过程中,即可掌握 UML 建模的基本知识和 Rose 建模的基本操作。

　　(3) 理论实践一体化。本书合理设置教学环节,将教师的知识讲解和操作示范与学生的技能训练放在同一教学单元和教学地点完成,融"教、学、练"于一体,体现"在做中学、学以致用"的教学理念。

　　在本书的编写过程中,参阅了一些教材和参考资料,已尽量在书末参考文献中列出,但仍有部分文献由于种种原因未列出,在此向所有的专家学者致谢!

　　由于编者水平有限,书中难免存在疏漏和不足之处,恳请广大读者不吝赐教。意见和建议请发送至邮箱: 463308667@qq.com。

编　者

2018 年 5 月

目　录 CONTENTS

项目一 软件工程基础

项目引导

本项目主要介绍软件、软件工程以及软件开发流程，其中重点介绍软件工程的内涵、软件生命周期和常用的软件开发模型，帮助读者建立对软件及软件工程的概念，熟悉软件开发流程各个阶段所做的工作内容。

知识目标

(1) 了解软件的定义、特点和分类。
(2) 了解软件危机、软件的发展历程。
(3) 理解软件工程的内涵和目标。
(4) 熟悉软件生命周期和常用的软件开发模型。
(5) 了解软件质量模型和 CMMI 模型。

能力目标

能够了解软件工程的基本概念，重点理解软件生命周期，熟悉软件产品的开发流程，认识到软件质量的重要性。

任务一 理解软件及软件工程

自从 1968 年北大西洋公约组织的科技委员会在前联邦德国召开的国际学术会议上第一次提出软件工程一词以来，软件工程已成为计算机软件的一个重要分支和研究方向。软件工程是指应用计算机科学、数学及管理科学等原理，以工程化的原则和方法来解决软件问题的工程。其目的是提高软件生产率，提升软件质量，降低软件成本。

一、软件及分类

1. 软件定义

国家标准(GB)中对软件的定义为：与计算机系统操作有关的计算机程序、规程、规则，以及可能有的文件、文档及数据。

其他定义：

(1) 运行时，能够提供所要求功能和性能的指令或计算机程序集合。

(2) 程序能够满意地处理信息的数据结构。

(3) 描述程序功能需求以及程序如何操作和使用所要求的文档。

以开发语言作为描述语言，可以认为：软件 = 程序 + 数据 + 文档。

软件按照功能可以分为应用软件、系统软件和支撑软件(或工具软件)，见表 1-1。

表 1-1　软件分类表

软件类别	特　　点	举　　例
应用软件	应用软件是为特定的应用目的而开发的服务性软件，它的服务领域涉及广泛	企业信息系统、计算机辅助设计与制造(CAD/CAM)系统等
系统软件	系统软件是计算机管理自身资源，控制计算机系统各部件(软硬件)协调、高效工作，以提高计算机使用效率并为计算机用户提供各种服务的软件	操作系统、数据库管理系统等
支撑软件	支撑软件是工具软件，介于系统软件和应用软件之间，协助用户开发软件的工具软件	编码工具软件、测试工具软件等

2. 软件特点

软件产品不同于其他硬件产品，有其自身的特点：

(1) 软件是无形的，没有物理形态，只能通过运行状况来了解功能、特性和质量。

(2) 软件渗透了大量的脑力劳动，人的逻辑思维、智能活动和技术水平是软件产品的关键。

(3) 软件具有可复用性，软件开发出来很容易被复制，从而形成多个副本。

(4) 软件不会像硬件一样老化磨损，但存在缺陷维护和技术更新。

(5) 软件的开发和运行必须依赖于特定的计算机系统环境，对于硬件有依赖性，为了减少依赖，开发中提出了软件的可移植性。

二、软件危机

1. 软件的发展历程

计算机系统总是离不开软件的，然而早期的硬件、软件是融于一体的，为了使得某台计算机设备能够完成某项工作，不得不给它专门配置程序。但是，随着计算机技术的快速发展和计算机应用领域的迅速拓宽，自 20 世纪 60 年代中期以来，软件需求迅速增长，软件数量急剧膨胀，于是，软件从硬件设备中分离了出来，不仅成为了独立的产品，并且逐渐发展成为一个专门的产业领域。观察软件的发展，可发现软件生产有三个发展阶段，即程序设计阶段、程序系统阶段和软件工程阶段。

1) 程序设计阶段

20 世纪 50 至 60 年代中期，随着硬件的飞速发展，计算机实现批量生产，逐步商业化，从一定程度上带动了软件的发展，然而，软件生产仍然以个体为主。这一时期的程序通常是针对特定计算机或者特定任务编制的专用程序，程序规模小，编写强调算法效率和对计算机资源的充分利用，但没有系统化方法和管理理论指导软件开发。

2) 程序系统阶段

大约在 20 世纪 60 年代中期到 70 年代中期，出现了多道程序、多用户系统和第一代数据库管理系统等新技术。以 IBM 的 S/360 为典型的通用商业化大型计算机出现后，一些软件开发人员集合起来，专门为特定用户在大型计算机上开发大型软件系统，编程语言和程序设计理论开始成熟，软件生产以软件作坊的形式出现。由于缺乏工程管理和系统化方法指导软件开发和管理，许多软件因为各种各样的原因开发失败或无法维护，从而引发了软件危机。为解决软件危机，软件工程学科诞生了。

3) 软件工程阶段

在 20 世纪 70 年代中期到 80 年代中后期，结构化的工程方法获得了广泛应用，并已成为了一种成熟的软件工程方法学。应该说，采用工程的原理、技术和方法实施软件产品开发，以适应软件产业化发展的需要，成为了这个时期诸多软件企业的追求目标。

当前是一个软件产业高速发展的时期，以软件为特征的"智能"产品不断涌现。尤其是网络通信技术、数据库技术与多媒体技术的结合，彻底改变了软件系统的体系结构，使得计算机的潜能获得了更大程度的释放。可以说，以计算机软件为核心的信息技术的高速发展，已经使得人们的生活方式与生活节奏发生了根本性的变化。

"软件工程"自产生以来，人们就寄希望于它去冲破"软件危机"这朵乌云。但是，软件危机现象并没有得到彻底排除，特别是，一些老的危机问题可能解决了，但接着又出现了许多新的危机问题，于是不得不去寻找一些更新的工程方法。应该说，正是危机问题的不断出现，推动着软件工程方法学的快速发展。

2．软件危机(Software Crisis)

20 世纪 60 年代以前，计算机刚刚投入实际使用，软件设计往往只是为了一个特定的应用而在指定的计算机上进行设计和编制，并采用密切依赖于计算机的机器代码或汇编语言，软件的规模比较小，文档资料通常也不存在，很少使用系统化的开发方法；设计软件往往等同于编制程序，基本上是个人设计、个人使用、个人操作和自给自足的私人化的软件生产方式。

20 世纪 60 年代中期，大容量、高速度计算机的出现，使计算机的应用范围迅速扩大，软件开发需求急剧增长。高级语言开始出现，操作系统的发展引起了计算机应用方式的变化，大量数据处理导致第一代数据库管理系统的诞生。软件系统的规模越来越大，复杂程度越来越高，软件的可靠性问题也越来越突出。原来的个人设计、个人使用的方式不再能满足要求，迫切需要改变软件生产方式，提高软件生产率，软件危机开始爆发。

1) 软件危机的表现

软件危机是指落后的软件生产方式无法满足迅速增长的计算机软件需求，从而导致软件开发与维护过程中出现一系列严重问题的现象，例如软件的开发成本、进度、软件质量等。这些问题绝不仅仅是不能正常运行的软件才具有的，实际上，几乎所有软件都不同程度地存在这些问题。具体来说，软件危机主要有以下几方面的典型表现：

(1) 软件开发成本、进度的估计很不准确。软件开发机构制订的项目计划跟实际情况有很大差距，使得开发经费一再突破。由于对工作量和开发难度估计不足，进度计划无法按时完成，开发时间一再拖延，这种现象严重降低了软件开发机构的信誉。

(2) 软件产品常常与用户的要求不一致。在开发过程中，软件开发人员和用户之间缺乏信息交流。开发人员常常是在仅对用户要求模糊了解的情况下就仓促上阵，匆忙着手编写程序。由于这些问题的存在，导致开发出来的软件不能满足用户的实际应用需要。

(3) 软件产品质量可靠性差。软件开发过程中，没有建立起确实有效的质量保证体系。在一些软件项目中为了赶进度或降低软件开发成本，甚至不惜降低软件质量标准或偷工减料。

(4) 软件文档不完整、不一致。计算机软件不仅仅是程序，在软件开发过程中还应该产生出一系列的文档资料。实际上，软件开发非常依赖这些文档资料。在软件开发过程中，软件开发机构的管理人员需要使用这些文档资料来管理软件项目；技术人员则需要利用文档资料进行信息交流；用户也需要通过这些文档资料来认识软件，对软件进行验收，熟悉软件的安装、操作等。但是，由于软件项目管理工作的欠缺，软件文档往往不完整，对软件的描述经常不一致，很难通过文档去跟踪软件开发过程中软件产品规格的变更。

(5) 软件产品可维护性差。软件中的错误非常难改正，软件很难适应新的硬件环境，很难根据用户的需要在原有软件中增加一些新的功能。这样的软件是不便于重用的，以前开发的软件一旦过时就不得不完全丢弃。

(6) 软件生产率低。软件生产率跟不上硬件的发展速度，不能适应计算机应用的迅速普及，使得现代计算机硬件提供的巨大潜力不能被充分利用。

2) 软件危机的原因

软件危机现象最初出现在软件发展的第二个阶段——程序系统阶段。自那时起，软件工作者就一直在探寻产生软件危机的原因，并期望能通过对软件危机原因的分析，找到一种行之有效的、能够克服软件危机的方法、策略。

通过对一系列危机现象的研究，人们总结发现，产生软件危机的原因主要体现在以下几个方面：

(1) 软件的不可见特性。软件不同于硬件，它是计算机系统中的逻辑部件，缺乏"可见性"。硬件错误往往可以通过它的物理现象直接反映出来，例如，出现不正常的发热、噪音现象等；但软件错误没有这些直观表现，例如，软件中存在的程序行错误，就必须等到这行程序执行时才有可能被发现。因此，软件错误比硬件错误更难发现。软件的不可见特性也使得对软件项目的量化管理更难实施，对软件质量的量化评价更难操作。

(2) 软件系统规模庞大。软件成为产品以后已不同于早期程序，随着其功能的增多，其规模越来越大、复杂程度越来越高。例如，1968 年美国航空公司订票系统达到 30 万条指令，IBM360 OS 第 16 版达到 100 万条指令，1973 年美国阿波罗计划达到 1000 万条指令。这些庞大规模的软件系统，其复杂程度已超过了人所能接受的程度，但是，面对越来越复杂的软件系统，其开发却仍然需要依靠开发人员的个人创造与手工操作。

(3) 软件生产工程化管理程度低。软件生产的工程化管理是软件作为产品所必需的，这意味着软件也需要像硬件一样，在软件分析、设计完成之后，才能考虑软件的实现。应该说，工程化管理能够降低解决问题的代价。但是，许多软件的开发往往是在分析、设计没有完成的情况下，就已经进入编码实现阶段。由于前期准备工作不充分，致使软件项目管理混乱，严重影响软件项目成本、开发进度和软件质量。

(4) 对用户需求关心程度不够。软件开发机构不熟悉用户业务领域。软件技术人员所关注的仅仅是计算机技术，他们不太愿意和用户沟通，轻视对用户的需求调查，也缺乏有效的用户调查策略和手段。由于这些问题的存在，用户的需求意愿不能得到充分反映，甚至被错误理解。

实际上，软件是为用户开发的，只有用户才能真正了解他们自己的需要。由于没有对用户做大量深入细致的调查研究，以致软件需求规格定义不准确，并最终使得完成后的软件不能适应用户的应用需要。

(5) 对软件维护重视程度不够。软件开发缺乏统一的规范。在软件产品开发过程中，开发者很少考虑到这个软件今后还需要提供维护。但是，软件的使用周期漫长，软件错误具有隐蔽性，许多年之后软件仍可能需要改错。另外，软件的工作环境可能会在几年后发生改变，用户也可能在软件运行几年以后，要求对它增加新的功能。这些都属于软件维护问题。实际上，软件的可维护性是衡量软件质量的一项重要指标，软件可维护性程度高，软件就便于修正、改版和升级，由此可以使软件具有更长的使用寿命。

(6) 软件开发工具自动化程度低。尽管软件开发工具比 30 年前已经有了很大的进步，但直到今天，软件开发仍然离不开工程人员的个人创造与手工操作，软件生产仍不可能像硬件设备的生产那样，达到高度的自动化。

三、软件工程

1. 软件工程的定义

软件工程是一门研究用工程化方法构建和维护有效的、实用的和高质量的软件的学科。它涉及程序设计语言、数据库、软件开发工具、系统平台、标准、设计模式等方面。

1983 年美国《IEEE 软件工程标准术语》对软件工程下的定义为：软件工程是开发、运行、维护和修复软件的系统方法。其中对"软件"的定义为：计算机程序、方法、规则、相关的文档资料以及在计算机上运行时所必需的数据。软件工程是指应用计算机科学、数学及管理科学等原理，以工程化的原则和方法来开发与维护软件的学科。研究软件工程的主要目的就是可在规定的时间、规定的开发费用内开发出满足用户需求的高质量的软件系统(高质量是指错误率低、好用、易用、可移植、易维护等)。

2. 软件工程的目标

软件工程的目标是指在给定成本、进度的前提下，开发出具有适用性、有效性、可修改性、可靠性、可理解性、可维护性、可重用性、可移植性、可追踪性、可互操作性和满足用户需求的软件产品。追求这些目标有助于提高软件产品的质量和开发效率，减少维护的困难。

(1) 适用性：软件在不同的系统约束条件下，使用户需求得到满足的难易程度。

(2) 有效性：软件系统能最有效地利用计算机的时间和空间资源。各种软件无不把系统的时/空开销作为衡量软件质量的一项重要技术指标。很多场合，在追求时间有效性和空间有效性时会发生矛盾，这时不得不牺牲时间有效性换取空间有效性或牺牲空间有效性换取时间有效性。时/空折中是经常采用的技巧。

(3) 可修改性：允许对系统进行修改而不增加原系统的复杂性。它支持软件的调试和维护，是一个很难达到的目标。

(4) 可靠性：能防止因概念、设计和结构等方面的不完善造成的软件系统失效，具有挽回因操作不当造成软件系统失效的能力。

(5) 可理解性：系统具有清晰的结构，能直接反映问题的需求。可理解性有助于控制软件系统复杂性，并支持软件的维护、移植或重用。

(6) 可维护性：软件交付使用后，能够对它进行修改，以改正潜伏的错误，改进性能和其他属性，使软件产品适应环境的变化等。软件维护费用在软件开发费用中占有很大的比重。可维护性是软件工程中一项十分重要的目标。

(7) 可重用性：把概念或功能相对独立的一个或一组相关模块定义为一个软部件，可组装在系统的任何位置，降低工作量。

(8) 可移植性：软件从某一环境搬到另一个环境的难易程度。

(9) 可追踪性：根据软件需求对软件设计、程序进行正向追踪，或根据软件设计、程序对软件需求进行逆向追踪的能力。

(10) 可互操作性：多个软件元素相互通信并协同完成任务的能力。

3. 软件工程的三要素

软件工程技术是指软件工程所具有的技术要素。作为软件开发与维护的工程方法学，软件工程具有三个方面的技术要素，即软件工程方法、软件工具和软件工程过程。

软件工程方法是指完成软件开发与维护任务时，应该"如何做"的技术方法。它所涉及的任务贯穿于软件开发、维护的整个过程之中，包括软件需求分析、软件结构设计、程序算法设计等诸多任务。而其方法则体现在使用图形或某种特殊语言的方式来表现这些任务中需要建立的软件系统模型，如数据流模型、软件结构模型、对象模型、组件模型等。主要的软件工程方法有结构化方法和面向对象方法。

1) 结构化方法

结构化方法(Structured Approach)也称新生命周期法，是生命周期法的继承与发展，也是生命周期法与结构化程序设计思想的结合。结构化的最早概念是描述结构化程序设计方法的，它用三种基本逻辑结构来编程，使之标准化、线性化。结构化方法不仅提高了编程效率和程序清晰度，而且大大提高了程序的可读性、可测试性、可修改性和可维护性。后来，把结构化程序设计思想引入 MIS(Management Information System，管理信息系统)开发领域，逐步发展成结构化系统分析与设计的方法。

2) 面向对象方法

面向对象方法(Object-Oriented Method)是一种把面向对象的思想应用于软件开发过程中，指导开发活动的系统方法，是建立在"对象"概念基础上的方法学。对象是由数据和容许的操作组成的封装体，与客观实体有直接对应关系，一个对象类定义了具有相似性质的一组对象。而继承性是对具有层次关系的类的属性和操作进行共享的一种方式。所谓面向对象就是基于对象概念，以对象为中心，以类和继承为构造机制，来认识、理解、刻画客观世界，设计、构建相应的软件系统。

面向对象方法是以软件问题域中的对象为基本依据来构造软件系统模型的，包括面向对象分析、面向对象设计、面向对象实现和面向对象维护等内容。确定问题域中的对象成分及其关系并建立软件系统对象模型是面向对象分析与设计过程中的核心内容。自 20 世纪 80 年代以来，人们提出了许多有关面向对象的方法，其中，由 Booch、Rumbaugh、Jacobson 等人提出的一系列面向对象方法成为了主流方法，并被结合为统一建模语言(UML)，成为了面向对象方法中的公认标准。面向对象方法能够最有效地适应面向对象编程工具，例如 C++、Java 等，并特别适用于面向用户的交互式系统的开发。

软件工具是为了方便软件工程方法的运用而提供的具有自动化特征的软件支撑环境。软件工具通常也称为 CASE，它是计算机辅助软件工程(Computer-Aided Software Engineering)的英文缩写。CASE 工具覆盖面很广，包括分析建模、设计建模、源代码编辑生成、软件测试等。表 1-2 所列是一些常用的 CASE 工具类型。

表 1-2　常用的 CASE 工具类型

工　具　类　型	举　　　　例
项目管理工具	项目规划编辑器、用户需求跟踪器、软件版本管理器
软件分析工具	数据字典管理器、分析建模编辑器
软件设计工具	用户界面设计器、软件结构设计器、代码框架生成器
程序处理工具	程序编辑器、程序编译器、程序解释器、程序分析器
软件测试工具	测试数据生成器、源程序调试器

软件工程过程是指为了开发软件产品，开发机构在软件工具的支持下，按照一定的软件工程方法所进行的一系列软件工程活动。实际上，这一系列的活动也就是软件开发中开发机构需要制定的工作步骤，它应该是科学的、合理的，否则将影响软件开发成本、进度与产品质量。因此，软件工程过程也就涉及了软件产品开发中有哪些工作步骤，各个工作步骤分别具有什么样的工作特征，以及各个工作步骤分别需要产生一些什么结果等方面的问题。

4．软件工程的基本原则

软件工程是关于软件项目的工程方法学，其价值只能通过具体的软件项目才能真正体现出来。为保证在软件项目中能够有效地贯彻并正确地使用软件工程规程，需要有一定的软件工程的原则来对软件项目加以约束。一些研究软件工程的专家学者分别从不同的角度陆续提出过许多关于软件工程的原则或"信条"，其中，著名的软件工程专家 B.W.Boehm 经过总结，提出了以下七条基本原则：

(1) 采用分阶段的生命周期计划，以实现对项目的严格管理。

软件项目的开展，需要计划在先，实施在后。统计表明，50%以上的失败项目是由于计划不周而造成的。在软件开发、维护的漫长生命周期中，需要完成许多性质各异的工作，假若没有严格有效的计划对项目工作的开展加以约束，必将使后续项目中的诸多工作处于一种混乱状态。

采用分阶段的生命周期计划，实现对项目的严格管理，即意味着：应该把软件项目按照软件的生命周期分成若干阶段，以阶段为基本单位制订出切实可行的计划，并严格按照计划对软件的开发、维护实施有效的管理。

(2) 坚持阶段评审制度，以确保软件产品质量。

软件质量是通过软件产品反映出来的，但是，软件质量的形成将贯穿于整个软件开发过程之中。大量的软件开发事实表明，软件中的许多错误是在开始进行编码之前就已经形成了。根据有关统计：软件设计错误占了软件错误的 63%，而编码错误仅占 37%。

采用阶段评审制度，也就是要求在软件产品形成过程中，能够对其质量实施过程监控，以确保软件在每个阶段都具有较高质量。

实际上，软件错误发现得越早，则错误越容易修正，为此所需付出的代价也就越小。因此，在每个阶段都进行严格的评审，也有利于从管理制度上去减少质量保证的成本代价。

(3) 实行严格的产品控制，以适应软件规格的变更。

软件规格是软件开发与软件验收的基本依据，是不能随意变更的。在软件开发过程中若出现了软件规格的变更，也就意味着软件的开发费用由此增加了。

但是，在软件开发过程中，改变软件规格有时又是难免的，特别是那些需要较长的开发周期的软件项目。例如，那些由用户专门定制开发的软件系统，就有可能因为用户的业务领域、服务方式发生了改变，而使软件功能有了新的要求。面对用户的新要求显然不能硬性禁止，而只能依靠科学的产品控制技术来适应。实际上，许多通用软件产品也存在规格变更这个问题。

例如，软件开发机构为了使自己的软件产品在更多的环境下工作，而不得不针对所开发的软件产品推出诸多不同的版本。

实行严格的产品控制，就是当软件规格发生改变时，能够对软件规格进行跟踪记录，以保证有关软件产品的各项配置成分保持一致，由此能够适应软件规格的变更。

(4) 采用先进的程序设计技术。

许多先进的软件工程方法往往都起源于先进的程序设计技术。例如，20 世纪 70 年代初出现的 C、Pascal 等结构化的程序设计语言，不仅成为了当时先进的程序设计技术，而且由此带来了结构化的软件分析、设计方法。自 20 世纪 80 年代以来，随着 C++、Java 等程序设计语言的产生，面向对象程序设计技术成为了更加先进的技术，并由此推动了面向对象软件分析、设计方法的发展。自 20 世纪 90 年代开始，建立在面向对象程序设计技术基础上的组件技术又随之诞生了，于是基于组件技术的软件工程方法学也就不断涌现了出来。

采用先进的程序设计技术会获得诸多方面的好处。它不仅会带来更高的软件开发效率，而且所开发出的软件会具有更好的质量，更加便于维护，并且也往往会具有更长久的使用寿命。例如，采用组件技术，通过创建比"类"更加抽象、更具有通用性的基本组件，可以使软件开发如同可插入的零件一样装配。这样的软件不仅开发容易，维护便利，而且可以根据特定用户的需要，更加方便地进行改装。

(5) 软件成果应该能够清楚地被审查。

软件成果是软件开发的各个阶段产生出来的一系列结果，是对软件开发给出评价的基本依据，包括系统文档、用户文档、源程序、资源数据和最终产品等内容。

针对软件开发给出有效的评价，是软件工程必须关注的重要内容。但是，软件产品是无形的逻辑产品，缺乏明确的物理度量标准。比起一般物理产品的开发，软件开发工作进展情况可见性差，其开发更难于管理与评价。因此，为了提高软件开发过程的可见性，更好地管理软件项目和评价软件成果，应该根据软件开发项目的总目标及完成期限，规定软件开发组织的责任和软件成果标准，从而使所得到的结果能够清楚地被审查。

(6) 开发小组的人员应该少而精。

这条基本原则具有以下两点含义：

其一，软件开发小组的组成人员的素质应该好。软件开发是一种需要高度负责、高度协作的高智力劳动，因此，其对人员素质的要求也就主要体现在智力水平、协作能力、团队意识和负责态度等几个方面。实际上，由高素质人员组成的开发队伍能够形成一支很强的开发团队，具有比由一般人员组成的开发队伍高出几倍甚至几十倍的开发效率，也能够完成更加复杂的项目任务。

其二，软件开发小组的成员人数不宜过多。软件的复杂性和无形性决定了软件开发需要进行大量的通信。随着软件开发小组人员数目的增加，人员之间因为交流信息、讨论问题而造成的通信开销会急剧增大，这势必影响人员之间的相互协作与工作质量。因此，为了保证开发小组的工作效率，开发小组成员人数一般不应超过五人。由于这个原因，一些有许多成员参与的大型项目，也就需要将一个项目分成多个子项目，然后分别交给多个项目小组去完成。

(7) 承认不断改进软件工程实践的必要性。

软件工程的意义重在实践，作为一门工程方法学，它所推出的一系列原则、方法和标准，不仅来源于工程实践，而且也需要在工程实践中不断地改进、完善。实际上，不同的软件开发机构可以根据自己的具体情况，建立起具有自己特征的软件工程规程体系。

上述七条基本原则是实现软件开发工程化这个目标的必要前提。但是，仅有上述七条原则，还不足以保证软件开发工程化进程能够持久地进行下去。因此，Boehm 提出了"承认不断改进软件工程实践的必要性"，这表明：软件工程在实际应用中，应该积极主动地采纳新的软件技术，并不断总结新的工程经验。

软件技术在不断进步，软件的应用领域也在不断拓宽。软件工程必须紧紧跟上新时代软件的发展，才能获得更加持久的生命力。

任务二 熟悉软件开发流程

一、软件生命周期

正如任何事物一样，软件也有其孕育、诞生、成长、成熟和衰亡的生存过程，一般称其为"软件生命周期"(Software Life Cycle，SLC)。

软件生命周期是软件的产生直到报废或停止使用的生命周期。软件生命周期又称为软件生存周期或系统开发生命周期，周期内有问题定义、可行性分析、总体描述、系统设计、编码、调试和测试、验收与运行、维护升级到废弃等阶段，这种按时间分程的思想方法是软件工程中的一种思想原则，即按部就班、逐步推进，每个阶段都要有定义、工作、审查、形成文档以供交流或备查，从而提高软件的质量。但随着新的面向对象的设计方法和技术的成熟，软件生命周期设计方法的指导意义正在逐步变小。生命周期的每一个周期都有确定的任务，并产生一定规格的文档(资料)，提交给下一个周期作为继续工作的依据。按照软件的生命周期，软件的开发不再只单单强调"编码"，而是概括了软件开发的全过程。软件工程要求每一周期工作的开始只能且必须是在前一个周期结果"正确"前提的方式上的延续，因此，每一周期都是按"活动—结果—审核—再活动—直至结果正确"的方式循环往复进展的。

软件生命周期一般分为六个阶段，即制订计划、需求分析、设计、编码、测试、运行和维护。软件开发的各个阶段之间的关系不可能是顺序且线性的，而应该是带有反馈的迭代过程。在软件工程中，这个复杂的过程用软件开发模型来描述和表示。

软件生命期由软件定义、软件开发和软件维护三个时期组成，每个时期又可进一步划分成若干个阶段。

1) 问题定义

要求系统分析员与用户进行交流，弄清"用户需要计算机解决什么问题"，然后提出关于"系统目标与范围的说明"，提交用户审查和确认。

2) 可行性研究

一方面在于把待开发的系统目标以明确的语言描述出来，另一方面从经济、技术、法律等多方面进行可行性分析。

3) 需求分析

弄清用户对软件系统的全部需求，编写需求规格说明书和初步的用户手册，提交评审。

4) 开发阶段

开发阶段由以下三个阶段组成：

(1) 设计。

(2) 实现：根据选定的程序设计语言完成源程序的编码。

(3) 测试。

5) 维护

维护包括以下四个方面：

(1) 改正性维护：在软件交付使用后，由于开发测试时的不彻底、不完全，必然会有一部分隐藏的错误被带到运行阶段，这些隐藏的错误在某些特定的使用环境下就会暴露出来。

(2) 适应性维护：为适应环境的变化而修改软件的活动。

(3) 完善性维护：根据用户在使用过程中提出的一些建设性意见而进行的维护活动。

(4) 预防性维护：为了进一步改善软件系统的可维护性和可靠性，并为以后的改进奠定基础。

二、软件开发模型

软件生命周期模型是指人们为开发更好的软件而归纳总结的软件生命周期的典型实践参考。常见的软件生命周期模型有瀑布模型、迭代式模型、螺旋模型、快速原型模型、喷泉模型等，本节将简单地分析并比较这几种模型。

1．瀑布模型

瀑布模型(Waterfall Model) 是一个项目开发架构，开发过程是通过设计一系列阶段顺序展开的，从系统需求分析开始直到产品发布和维护，每个阶段都会产生循环反馈，因此，如果有信息未被覆盖或者发现了问题，那么最好返回上一个阶段并进行适当的修改，否则项目开发进程从一个阶段"流动"到下一个阶段，这也是瀑布模型名称的由来。瀑布模型将软件生命周期划分为软件计划、需求分析和定义、软件设计、软件实现、软件测试、软件运行和维护这六个阶段，规定了它们自上而下、相互衔接的固定次序，如同瀑布流水逐级下落。采用瀑布模型的软件过程如图 1-1 所示。

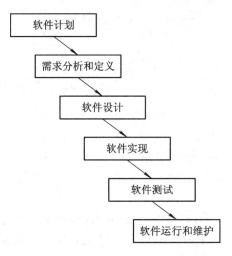

图 1-1　采用瀑布模型的软件过程

瀑布模型是最早出现的软件开发模型，在软件工程中占有重要的地位，它提供了软件开发的基本框架。瀑布模型的本质是一次通过，即每个活动只执行一次，最后得到软件产品，也称为"线性顺序模型"或者"传统生命周期"。其过程是从上一项活动接收该项活动的工作对象作为输入，利用这一输入实施该项活动应完成的内容，给出该项活动的工作成果，并作为输出传给下一项活动，同时评审该项活动的实施，若确认，则继续下一项活动，否则返回前面甚至更前面的活动。

瀑布模型有利于大型软件开发过程中人员的组织及管理，有利于软件开发方法和工具的研究与使用，从而提高了大型软件项目开发的质量和效率。然而软件开发的实践表明，上述各项活动之间并非完全是自上而下且呈线性图式的，因此瀑布模型存在如下严重的缺陷：

(1) 由于开发模型呈线性，所以当开发成果尚未经过测试时，用户无法看到软件的效果。这样软件与用户见面的时间间隔较长，也增加了一定的风险。

(2) 在软件开发前期未发现的错误传到后面的开发活动中时，可能会扩散，进而可能会造成整个软件项目开发失败。

(3) 在软件需求分析阶段，完全确定用户的所有需求是比较困难的，甚至可以说是不太可能的。

2．迭代式模型

迭代式模型是 RUP(Rational Unified Process，统一软件开发过程)推荐的周期模型。在

RUP 中，迭代被定义为包括产生产品发布(稳定、可执行的产品版本)的全部开发活动和要使用该发布必需的所有其他外围元素。所以，在某种程度上，开发迭代是一次完整地经过所有工作流程的过程，至少包括需求工作流程、分析设计工作流程、实施工作流程和测试工作流程。实质上，它类似小型的瀑布式项目。RUP 认为，所有的阶段(需求及其他)都可以细分为迭代。每一次的迭代都会产生一个可以发布的产品，这个产品是最终产品的一个子集。迭代式模型如图 1-2 所示。

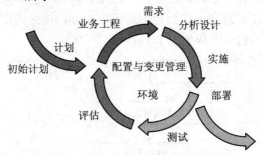

图 1-2　迭代式模型

迭代式模型和瀑布模型的最大的差别就在于风险的暴露时间上。任何项目都会涉及一定的风险。如果能在生命周期中尽早确保避免了风险，那么计划自然会更趋精确。有许多风险直到已准备集成系统时才被发现。不管开发团队经验如何，都绝不可能预知所有的风险。

由于瀑布模型的特点(文档是主体)，很多的问题在最后才会暴露出来，这些问题的风险是巨大的。在迭代式生命周期中，需要根据主要风险列表选择要在迭代中开发的新的增量内容。每次迭代完成时都会生成一个经过测试的可执行文件，这样就可以核实是否已经降低了目标风险。

3．螺旋模型

螺旋模型是一种演化软件开发过程的模型，它兼顾了快速原型的迭代的特征及瀑布模型的系统化与严格监控。螺旋模型最大的特点在于引入了其他模型不具备的风险分析，使软件在无法排除重大风险时有机会停止，以减小损失。同时，在每个迭代阶段构建原型是螺旋模型用以减小风险的途径。螺旋模型更适合大型的昂贵的系统级的软件应用。这种模型的每一个周期都包括需求定义、风险分析、工程实现和评审四个阶段，由这四个阶段进行迭代。软件开发过程每迭代一次，软件开发又前进一个层次。采用螺旋模型的软件过程如图 1-3 所示。

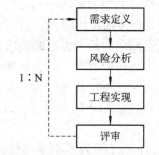

图 1-3　采用螺旋模型的软件过程

螺旋模型基本做法是在"瀑布模型"的每一个开发阶段前引入非常严格的风险识别、风险分析和风险控制，它把软件项目分解成一个个小项目。每个小项目都标识一个或多个主要风险，直到所有的主要风险因素都被确定。

螺旋模型强调风险分析，使得开发人员和用户对每个演化层出现的风险有所了解，继而做出应有的反应，因此特别适用于庞大、复杂并具有高风险的系统。对于这些系统，风险是软件开发不可忽视且潜在的不利因素，它可能在不同程度上损害软件开发过程，影响软件产品的质量。减小软件风险的目标是在造成危害之前，及时对风险进行识别及分析，决定采取何种对策，进而消除或减少风险的损害。

与瀑布模型相比，螺旋模型支持用户需求的动态变化，为用户参与软件开发的所有关键决策提供了方便，有助于提高目标软件的适应能力，并且为项目管理人员及时调整管理决策提供了便利，从而降低了软件开发风险。

但是，我们不能说螺旋模型绝对比其他模型优越，事实上，这种模型也有其自身的缺点：

(1) 采用螺旋模型需要具有相当丰富的风险评估经验和专业知识，在风险较大的项目开发中，如果未能及时标识风险，势必造成重大损失。

(2) 过多的迭代次数会增加开发成本，延迟提交时间。

4．快速原型模型

快速原型模型又称原型模型，它是在开发真实系统之前，构造一个原型，在该原型的基础上，逐渐完成整个系统的开发工作。从需求收集开始，开发者和客户在一起定义软件的总体目标，标识出已知的需求，并规划出需要进一步定义的区域；然后进行"快速设计"，即集中于软件中那些对用户/客户可见的部分的表示，以创建原型，并由用户/客户并评估进一步精化待开发软件的需求。随后逐步调整原型使其满足客户的要求，同时也使开发者对将要做的事情有更好的理解。这个过程是迭代的，其流程从听取客户意见开始，随后是建造/修改原型、客户测试运行原型，然后往复循环，直到客户对原型满意为止。采用快速原型模型的软件过程如图1-4所示。

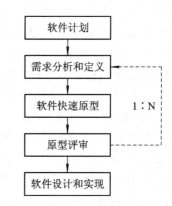

图1-4　采用快速原型模型的软件过程

快速原型模型的最大特点是能够快速实现一个可实际运行的系统初步模型，供开发人员和用户进行交流和评审，以便较准确地获得用户的需求。该模型采用逐步求精的方法使原型逐步完善，即每次经用户评审后修改、运行，不断重复最终得到双方认可。这个过程是迭代过程，它可以避免在瀑布模型冗长的开发过程中看不见产品雏形的现象。其优点一是开发工具先进，开发效率高，使总的开发费用降低，时间缩短；二是开发人员与用户交流直观，可以澄清模糊需求，调动用户积极参与，能及早暴露系统实施后潜在的一些问题；三是原型系统可作为培训环境，有利于用户培训和开发同步，开发过程也是学习过程。

快速原型模型的缺点是产品原型在一定程度上限制了开发人员的创新，没有考虑软件的整体质量和长期的可维护性。由于达不到质量要求，产品可能被抛弃而采用新的模型重新设计，因此快速原型模型不适合嵌入式、实时控制及科学数值计算等大型软件系统的开发。

原型模型和增量模型都是从概要需求出发开发的，但二者有明显不同。增量模型是从一些不完整的系统需求出发开始开发，在开发过程中逐渐发现新的需求，然后进一步充实完善该系统，使之成为实际可用的系统。原型模型的目的是为了发现并建立一个完整并经过证实的需求规格说明，然后以此作为正式系统的开发基础。因此原型开发阶段的输出是需求规格说明，这是为了降低整个软件生成期的费用而拉大需求分析阶段的一种方法，大部分原型是"用完就扔"的类型。

5. 喷泉模型

喷泉模型(Fountain Model)是一种以用户需求为动力，以对象为驱动的模型，主要用于描述面向对象的软件开发过程。该模型认为软件开发过程自下而上，各阶段是周期性的并且是相互迭代和无间隙的，就像水喷上去又可以落下来，类似一个喷泉。各个开发阶段没有特定的次序要求，并且可以交互进行，可以在某个开发阶段中随时补充其他任何开发阶段中的遗漏。采用喷泉模型的软件过程如图 1-5 所示。

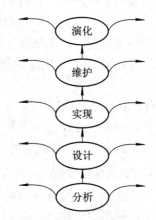

图 1-5　采用喷泉模型的软件过程

喷泉模型主要用于面向对象的软件项目。软件的某个部分通常被重复多次，相关对象在每次迭代中随之加入渐进的软件成分；各活动之间无明显边界，例如设计和实现之间没有明显的边界，这也称为"喷泉模型的无间隙性"。由于对象概念的引入，表达分析、设计及实现等活动只用对象类和关系，从而可以较容易地实现活动的迭代和无间隙。

喷泉模型不像瀑布模型那样，需要分析活动结束后才开始设计活动，设计活动结束后才开始编码活动。该模型的各个阶段没有明显的界限，开发人员可以同步进行开发。其优点是可以提高软件项目开发效率，节省开发时间，适应于面向对象的软件开发过程。由于喷泉模型在各个开发阶段是重叠的，因此在开发过程中需要大量的开发人员，这样就不利于项目的管理。此外，这种模型要求严格管理文档，使得审核的难度加大，尤其是面对可能随时加入各种信息、需求与资料的情况。

任务三　认识软件质量模型与 CMMI 模型

一、软件质量模型

软件质量是指与软件产品满足规定的和隐含的需要的能力有关的特征或特性的组合。软件质量的特性是多方面的，但必须包括：与明确确定的功能和性能需求的一致性，能满足给定需要的全部特性；与明确成文的开发标准的一致性；与所有专业开发的软件所期望的隐含特性的一致性；顾客或用户认为能满足其综合期望的程度，即软件的组合特性，它确定即软件在使用中将满足顾客预期要求的程度。

目前已有很多质量模型，它们分别定义了不同的软件质量属性。比较常见的三个质量模型是 McCall 模型(1977 年)、Boehm 模型(1978 年)和 ISO 9126 模型(1993 年)。McCall 等认为，特性是软件质量的反映，软件属性可用做评价准则，定量化地度量软件属性可知软件质量的优劣。图 1-6 给出了 McCall 模型的组成部分。

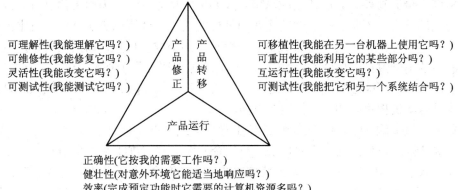

图 1-6　McCall 质量模型

软件质量保证的主要活动内容归纳如下：

(1) 质量方针的制定与展开；

(2) 质量保证方针和质量保证标准的制定；

(3) 质量保证体系的建立与管理；

(4) 各阶段的质量评审；

(5) 确保设计质量；

(6) 重要质量问题的提出与分析；

(7) 总结实现阶段的质量保证活动；

(8) 整理面向用户的文档资料和说明书等；

(9) 产品质量鉴定、质量保证系统鉴定；

(10) 质量信息的收集、分析和使用。

二、CMMI 模型

　　CMMI(Capability Maturity Model Integration)为改进一个组织的各种过程提供了一个单一的集成化框架，该框架消除了各个模型的不一致性，减少了模型间的重复，增加了透明度和理解，建立了一个自动的、可扩展的框架，因而能够从总体上改进组织的质量和效率。CMMI 主要关注点包括成本效益、明确重点、过程集中和灵活性四个方面。CMMI 系统在内的信息化系统对公司的规范化管理、提高管理和运行效率、控制物料成本、降低经营风险等方面起到重要作用。

　　CMMI 认证是由美国软件工程学会(Software Engineering Institute，SEI)制定的一套专门针对软件产品的质量管理和质量保证标准。CMMI，能力成熟度模型集成是目前世界上公认的软件产品进入国际市场的专用通行证，其主要思想就是通过软件过程控制，最终来保证软件产品的质量。实施 CMMI 是一个软件企业从作坊式开发走向成熟的标志，摆脱作坊式的开发模式，实施软件过程改进，是软件企业发展壮大的必经之路。其目的是帮助软件企业对软件工程过程进行管理和改进，增强开发与改进能力，从而能按时地、不超预算地开发出高质量的软件。其所依据的思想是只要集中精力持续努力地去建立有效的软件工程过程的基础结构，不断进行管理的实践和过程的改进，就可以克服软件开发中的困难。CMMI 为改进一个组织的各种过程提供了一个单一的集成化框架，新的集成模型框架消除了各个模型的不一致性，减少了模型间的重复，增加透明度便于理解，建立了一个自动的、可扩展的框架，因而能够从总体上改进组织的质量和效率。CMMI 主要关注点就是成本效益、明确重点、过程集中和灵活性四个方面。

近年来，很多软件企业纷纷实施 CMMI 管理模式，不少企业(如东软、托普、华为等)通过了三级或四级评估，这一方面反映了我国企业在进入 WTO 后的危机意识以及与世界接轨的迫切愿望；另一方面则反映出我国软件企业在改进管理方法上所做的努力。但是CMMI 到底能够为我们做什么呢？实际上这个问题对不同的人有不同的答案。对采购部门的人员来说，掌握了 CMMI 技术可以有目的地考察项目实施人员或公司的实施能力，从而保证所采购的项目能够顺利完成；对于项目经理来说，掌握 CMMI 技术能够提高自己的项目管理能力，从而能够使项目高质量、低成本、按期限地完成；对于企业领导者来说，CMMI 技术不仅能够提升对企业的管理水平，还能够引入科学的管理理念，提升企业的整体管理水平。

CMMI 的五个台阶(五个等级)如下：

台阶一：CMMI 一级，完成级。在完成级水平上，企业对项目的目标与要做的努力很清晰，项目的目标得以实现。但是由于任务的完成带有很大的偶然性，企业无法保证在实施同类项目的时候仍然能够完成任务。企业在一级上的项目实施对实施人员有很大的依赖性。

台阶二：CMMI 二级，管理级。在管理级水平上，企业在项目实施上能够遵守既定的计划与流程，有资源准备，权责到人，对相关的项目实施人员有相应的培训，对整个流程有监测同控制，并同上级单位对项目与流程进行审查。企业在二级水平上体现了对项目的一系列的管理程序，这一系列的管理手段排除了企业在一级时完成任务的随机性，保证了企业的所有项目实施都会获得成功。

台阶三：CMMI 三级，定义级。在定义级水平上，企业不仅能够对项目的实施有一整套的管理措施，并保障项目的完成，而且企业能够根据自身的特殊情况以及自己的标准流程，将这套管理体系与流程予以制度化，这样企业不仅能够在同类的项目上得到成功的实施，而且在不同类的项目上也能够得到成功的实施。科学的管理成为企业的一种文化、企业的组织财富。

台阶四：CMMI 四级，量化管理级。在量化管理级水平上，企业的项目管理不仅形成了一种制度，而且要实现数字化的管理，对管理流程要做到量化与数字化。通过量化技术来实现流程的稳定性，实现管理的精度，降低项目实施在质量上的波动。

台阶五：CMMI 五级，优化级。在优化级水平上，企业的项目管理达到了最高的境界。企业不仅能够通过信息手段与数字化手段来实现对项目的管理，而且能够充分利用信息资料，对企业在项目实施的过程中可能出现的次品予以预防，能够主动地改善流程，运用新技术，实现流程的优化。

由上述五个台阶可以看出，每一个台阶都是上面一层台阶的基石。要上高层台阶必须首先踏上较低一层台阶。企业在实施 CMMI 的时候，路要一步一步地走，一般先从二级入手。要在管理上下工夫，争取最终实现 CMMI 的第五级。

$$\texttt{+++++}\quad 习\quad 题\quad \texttt{+++++}$$

1. 名词解释

　　软件　　软件工程　　软件危机　　软件生命周期

2. 软件生命周期分哪几个时期？每个时期所完成的基本任务是什么？

3. 软件生命周期每个阶段提交的文档是什么？

项目二　问题定义及可行性研究

本项目主要介绍问题定义阶段的任务和过程，可行性研究阶段的任务、过程，可行性分析图形工具，成本估算技术。

(1) 了解问题定义阶段的任务和过程。
(2) 了解可行性研究阶段的任务和过程。
(3) 熟悉可行性分析图形工具。
(4) 掌握成本效益分析技术。
(5) 熟悉项目计划和可行性研究报告的内容。

了解软件调研方法，掌握可行性分析的思路，会编写可行性研究报告。

任务一　问题定义

一、问题定义概述

问题定义是软件定义时期的第一个阶段。作为软件的开发者，在这个阶段必须弄清用户"需要计算机解决什么问题"。如果在问题尚未明确的情况下就试图解决这个问题，那么就会白白浪费时间和精力，结果也毫无意义。因此，问题定义在软件生命周期中占有重要的位置。

问题定义阶段的基本任务就是分析要解决的问题，提交问题定义报告。经用户同意后，就可作为下一步工作——可行性研究的依据。系统分析员在问题定义阶段应通过对系统的实际用户和使用部门负责人的访问调查，写出对问题的理解，搞清楚用户为什么会提出这样的问题，问题的背景和用户的目标是什么。然后据此提出关于问题的性质、工程的目标和规模的书面报告，并在用户和使用部门负责人参加的会议上认真讨论这份书面报告，澄清含糊不清的地方，改正理解不正确的地方，最后形成一份双方都满意的文档，以确保开发人员、用户和使用部门的负责人对问题的性质、工程的目标和规模取得一致的看法，从而进入下一阶段的工作。问题定义阶段是软件生命周期中最简短的阶段，一般只需要一天甚至更短的时间。

二、教务管理信息系统概述

以下通过希望中学的教务管理信息系统概况(见表 2-1)分析案例，将具体阐述教务管理信息系统要解决的问题是什么。系统分析员将与用户就对教务管理信息系统要解决的问题在理解上达成一致。此过程中，应该形成初步的系统方案，包括项目组织机构概况、项目开发背景、项目开发意义、初步的软件计划等内容。

表 2-1　希望中学教务管理信息系统概况

希望中学教务管理信息系统概况

1. 组织机构概况

希望中学是一所建校 10 年的初级中学，目前是区内唯一的初中小班化实验学校，也是科技实验学校。

学校校园建设园林化，并配备有现代化的各种教育教学设施。学校现有一支以中高级教师为主体的具有高尚师德、精湛业务和现代教育教学理论的师资队伍。

学校始终坚持开放、开拓、开创办学的理念，学校在办学中始终坚持依法办学，以德立校、科研兴校、办好特色项目的方针，并以培养学生创新精神和实践能力为目标，全面落实素质教育，学校的教育教学质量在该区初级中学中享有良好的声誉。

经初步调查，希望中学实行校长负责制，下属五个部门：教导处、政教处、总务处、校办、党支部。其中：教导处主要负责课程安排、学生档案、教师档案、试卷管理、教师培训、教学考核；政教处主要负责学生心理咨询、德育教育；总务处主要负责后勤工作、财物管理、采购工作等；党支部主要负责党组织工作等；校办主要负责人事档案、教学档案。

2. 项目开发背景

教务管理系统是各个学校都具备的进行日常教学管理的系统。由于原有学校的教务及档案管理水平还停留在纸介质的阶段上，这样的机制已经不能适应时代的发展，并且它浪费了许多的人力和物力，在信息时代这种传统的管理方法必然被计算机信息管理所取代。

3. 项目开发的意义

希望中学现注册在籍的学生达二千多名，随着学校的日益壮大，使得教务管理系统成为学校不可缺少的部分。目前学校的信息处理工作均以手工进行，数据处理的工作量、重复量大，费时费力，而且易出现遗漏、差错。闲置在办公室的计算机仅仅起到了处理和储存文档的作用，没有发挥它的优势，影响了学校管理层的预测和决策。

因此对于学校管理系统的改变已经势在必行，这样能够使学校管理工作人员从繁复的纸面工作中摆脱出来，既节省了时间又提高了工作效率，管理工作也可以便捷有序地进行。

任务二　可行性研究

一、可行性研究概述

在问题定义阶段，分析员和用户确定待开发软件所能够解决的问题。然而，在现实中这些问题并不一定可以在预定的系统规模之内解决。如果问题受到当前条件的约束，没有可行的解，那么花费在这个项目上的时间、资源、人力和经费都将被浪费。因此，从软件项目的多个角度全面地分析问题是否有可行的解，对软件项目进行可行性研究是非常必要的。

1．可行性研究的任务

可行性研究的目的不是解决待开发软件系统的问题，而是要确定这些问题在现有的条件下是否值得去解决。同时，应该用最小的代价确定在问题定义阶段所确定的系统的目标和规模是否符合实际，所确定的问题是否有可行的解决方案，论证系统方案在经济、技术和操作等方面是否可行。

可行性研究主要论证以下三个方面的内容：

(1) 经济可行性。估算项目的开发费用以及新系统可能为用户组织带来的收益，将两者进行权衡，看结果是否可以接受。

(2) 技术可行性。分析项目要求的功能、性能以及限制条件，以现有的技术是否能够实现预期的软件系统。所考虑的因素通常还应包括开发的风险、所需的软硬件资源、有力的开发团队等。

(3) 操作可行性。判断系统的操作方式在该用户组织内是否有可行性。

除以上三种可行性，必要时还应从法律、社会效益等方面进一步研究分析。

可行性研究的过程：首先是分析设计人员进一步分析和澄清问题定义，确定系统目标、约束和限制条件，并一一列举出来；其次是分析员使用系统分析方法和工具导出系统的逻辑模型；然后是根据逻辑模型，提供一种以上的系统实现方案，对每种方案都应该从技术可行性、经济可行性、操作可行性等方面进行研究比较；最后，分析员必须明确给出可行性研究的结果。如果问题没有可行的解，分析员应该建议停止开发项目，以避免时间、资源、人力和经费；如果问题值得解，分析员应该推荐一个最佳的解决方案，并且为项目制订一个初步的计划。

注意：可行性研究需要的时间长短取决于工程的规模。一般说来，可行性研究的成本只是预期的工程总成本的 5%～10%。

2．可行性研究的步骤

典型的可行性研究过程具体步骤如下：

1) 复查系统规模和目标

分析员对问题定义阶段书写的关于规模和目标的报告书进一步复查确认，改正含糊或不确切的叙述，清晰地描述对目标系统的一切限制和约束。

2) 研究目前正在使用的系统

如果目前有系统在运行，则必须对现有的系统进行分析，不但要阅读现有系统的文档资料和使用手册，也要实地考察，找出其缺陷，使新系统能解决旧系统中存在的问题。

常见的错误做法是花费过多时间去分析现有的系统。

3) 导出新系统的高层逻辑模型

从现有的物理系统出发，根据现有系统的逻辑模型，导出新系统的逻辑模型，最后构造出新的物理系统。为了把新系统描绘得更加清晰准确，分析员通常利用数据流图和数据字典等工具，对系统中的数据进行描述和定义。

4) 进一步定义问题

新系统的逻辑模型实质上表达了分析员对新系统必须做什么的看法。分析员应该和用户一起再次复查问题定义、工程规模和目标，这次复查应该把数据流图和数据字典作为讨论的基础。

5) 导出和评价供选择的解法

分析员应该从其建议的系统逻辑模型出发，导出若干个较高层次的(较抽象的)物理解法供比较和选择。

首先从技术角度考虑，根据技术可行性初步排除一些不现实的系统。把技术上行不通的解法去掉之后，就剩下了一组技术上可行的方案。

其次考虑操作方面的可行性。分析员应该根据使用部门处理事务的原则和习惯检查技术上可行的那些方案，去掉其中从操作方式或操作过程的角度看用户不能接受的方案。

再次考虑经济方面的可行性。分析员应该估计余下的每个可能的系统的开发成本和运行费用，并且与现有的系统进行比较。

最后为每个在技术、操作和经济等方面都可行的系统制定实现进度表，这个进度表不需要(也不可能)制订得很详细，通常只需要估计生命周期每个阶段的工作量。

6) 推荐行动方针

根据可行性研究结果，分析员应该做出是否进行这项工程的开发决定。如可行，分析员还应该选择一种最好的解法，说明选择这个解决方案的理由，并对所推荐的系统进行比较仔细的成本/效益分析。

7) 草拟开发计划

分析员为所推荐的方案草拟一份开发计划，除了制订工程进度表之外，还应该估计对各类开发人员和各种资源的需要情况，此外还应该估计系统生命周期每个阶段的成本。

8) 书写文档提交审查

分析员应该把可行性研究结果写成清晰的文档，请用户、客户组织的负责人及评审组审查，以决定是否继续这项工程及是否接受分析员推荐的方案。

二、系统流程图

系统流程图(System Flowchart)是描绘软件系统物理模型的图形工具。它的基本思想是用图形符号以黑盒子的形式描绘系统里面的每个部件(程序、文件、数据库、表格、人工过程等)，表达信息在各个部件之间流动的情况，系统分析员绘制该图的过程有助于全面了解系统业务处理的概况，同时也有助于系统分析员与用户更好地相互交流。

系统流程图不是对数据进行加工处理的控制过程，因此尽管系统流程图的某些符号和程序流程图的符号形式相同，但它们是完全不同的。

1. 系统流程图的符号

系统流程图被用来描述系统的工作流程，以系统中的物理组件为单元说明系统的基本构造，并由此说明系统对数据的加工步骤。表 2-2 所列是系统流程图中常用的图形符号。显然，系统流程图中的符号是一些可以从系统中分离出来的物理元素，例如，设备、程序模块、报表等。

表 2-2　系统流程图的常用符号

图形符号	说　明	图形符号	说　明
	任何处理，包括程序处理、机器处理、人工处理等		顺序存储，例如磁带存储
	人工处理，例如会计在银行支票上的签名		纸带存储
	任何输入，包括人工输入、程序输入等		文档输出，例如打印数据报表
	卡片输入		显示终端
	手工输入		页内连接
	任何存储		换页连接
	内部存储		数据流
	直接存储，例如磁盘存储		

2. 实例

图 2-1 所示系统流程图表明了该学校系统内外之间、内部各部门之间、人员之间的业务关系及作业顺序、管理信息流动的流程。

以下是对该系统流程图的文字说明：

该校实行的是校长负责制。校长根据教育局的教学要求，并且结合本校实际情况和特色，制订出该学校的总年度计划及需实现的教学目标等，由秘书编写成相应的文件经校长批阅后，传达给各部门执行。

教导处根据校长的总年度计划及教学目标进行各个年级的课程设置和安排(包括课程安排、所采用哪些教材、课时安排等)，形成本校教学计划，经校长审批通过后，将教学安排通知总务处及各个年级组。各个年级组根据教学安排，来安排和组织教研工作，安排每个任课教师的教学工作，由各年级组编写教学工作计划，经校长审批通过后，形成教学工作实施计划，并在此基础上，进行课程安排，然后将确定好的课程表发放给各个任课教师及学生。

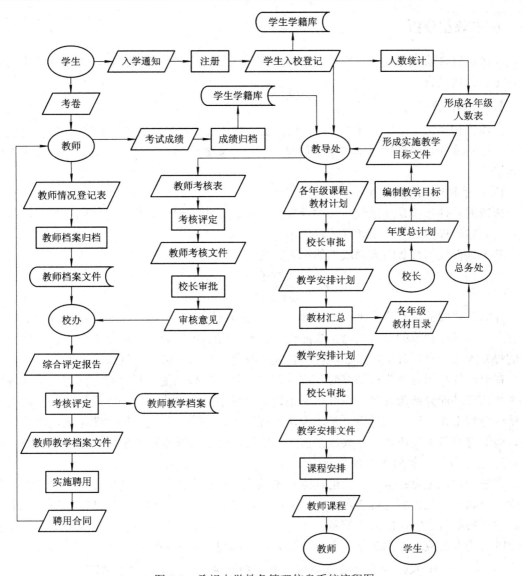

图 2-1　希望中学教务管理信息系统流程图

另外，学校每年新招的学生在收到入学通知后，应按照规定时间到校报到、注册，认真填写相应的学生登记表并交到教导处，同时将学生人数统计后交付到总务处。

教导处根据学生登记的学生登记表建立学生学籍库(该档案可以包括学生姓名、性别、家庭地址、备注等)。该档案可以根据实际要求，随时进行查询、增加、删除、修改、更新等，这样就能持续跟踪每个学生的实际情况。

教师根据教导处的工作安排展开任教工作，对每个学生的学习情况及在校表现进行跟踪，并如实、及时地向教导处及学生家长汇报。每次考试或测验后，由各科任课教师批阅学生考卷，汇总并分析学生分数，交于教导处。

教导处根据各科任课教师的教学情况，并结合该教师各方面的综合素质进行年度考核评定，经过校长审批合格后，送至校办。然后，校办根据审核意见，并考虑该教师的学历、职称等各方面因素，重新评估并确定该名教师的聘用情况。

三、成本效益分析

经济可行性研究是对项目实施成本和所能带来的经济效益的分析，以确定等待实施的项目是否值得投资。

1. 成本估算

在项目初期，无论是进行可行性分析，还是制订项目预算，或是向客户提供软件报价，都需要针对软件项目进行成本的初步估算。下面将要介绍的是一些常用的软件项目成本估算方法。

1) 基于软件规模的成本估算

传统的软件规模是通过代码行数计算的。也就是说，通过估算软件代码总行数，可以计算出创建软件的总工作量和软件总成本。

基于软件代码行数的人力成本估算公式是：

$$WC = \frac{TCL}{MPACL} \times MPAP$$

计算公式中的 WC 是软件工作成本，TCL 是软件总代码行数，MPACL 是以参加项目所有人员为基数计算的每月人均完成的代码行数，MPAP 是以参加项目所有人员为基数计算的每月人均工资。其中，参加项目所有人员既包括技术人员，也包括管理人员。

在对软件代码行数进行估算时，往往需要先将软件按功能进行分解。例如，可以将软件系统按照功能分解为许多子系统，子系统又可以继续分解为许多功能模块，这种对软件系统的分解工作可以一直进行到基本模块。应该说，基本模块的代码行数是比较容易估算的，而通过对基本模块代码行数进行估算与累计，可以估算出整个系统的总代码行数。

2) 基于任务分解的成本估算

这是一种以项目任务的人力消耗为依据的成本估算方法。可以把项目任务分解成诸多活动，例如，按照工程过程将项目任务分解成需求分析、概要设计、详细设计等若干个阶段，然后根据每个阶段的人员配备、周期长短和阶段任务参加人员平均工资情况，估算出每个阶段的人力成本，由此累计出项目总成本。示例如表 2-3 所示。

表 2-3　开发"企业资源综合管理系统"时的人力成本情况

任 务 名 称	阶段成本/元
系统分析	13 000
体系结构设计	17 000
详细算法设计	20 000
编码	40 000
系统集成	34 000
人力成本总计	124 000

2. 效益分析

无论是开发机构或是用户，都会关心项目效益，但值得注意的是，开发机构的效益直接来源于软件产品，而用户的效益则来自于对软件的应用，并且不同的软件产品会有不同的效益来源，例如，软件机构自主开发的通用软件和用户委托开发的定制软件，它们在效益来源上就分别有各自不同的途径。

通用软件由软件机构自主开发，然后投放到软件市场上销售。开发机构的最低期望可能是软件在销售中所获取的直接经济利益至少能超过软件的开发成本，以保证收回投资。对于通用软件，开发机构大都需要在开发软件之前进行深入的市场分析，看软件市场是否已有了同类型的产品，假如已有同类型产品，则要看开发的产品在功能、性能、价格等方面是否具有市场优势等。

而对于由用户委托开发的软件项目，开发机构的效益则取决于用户对项目的资金投入与软件实际成本的差额值，其计算看起来是简单的。但是，这些项目由于完全由用户进行巨额投资，其效益也就必然受到用户的特别关注，所以计算起来非常复杂。用户的期望可能是花费巨额资金开发出来的软件在其使用过程中能够提高工作效率，改善工作质量，节约工作成本，拓宽业务领域等，由此带来的间接经济效益至少能够超过软件的开发成本。

在计算项目的经济效益时，还不得不注意到，软件的经济效益是在软件投入使用之后的若干年里逐渐产生出来的，而资金投入则是当前之事。为了更加合理地计算资金效益，未来效益中产生的资金需要折算为现值进行计算。

资金折现公式是：

$$资金折现值 = \frac{资金未来值}{(1+k)^n}$$

其中，k 是银行利率；n 是年份。

可以使用一些经济指标来衡量项目的经济效益，其主要经济指标有：

(1) 纯收入：指软件在估算的正常使用期内产生的资金收益被折算为现值之后，再减去项目的成本投入。

(2) 投资回收期：指软件投入使用后产生的资金收益折算为现值，到项目资金收益等于项目的成本投入时所需要的时间。

(3) 投资回收率：指根据软件的资金收益进行利息折算，可以将其与银行利率做比较。显然，若项目的投资回收期超过了所开发软件的正常使用期，或项目的投资回收率低于银行利率，或纯收入为负值，则项目在经济效益上不具有可行性。

例如某"企业资源综合管理系统"的开发，假设开发过程中，人力、设备、支撑软件等各项成本总计预算是 20 万，计划一年开发完成并投入使用。表 2-4 所列为预计有效 5 年生命期内的逐年经济收益与折现计算。其中，银行年利率按 6%计算。

表 2-4　"企业资源综合管理系统"逐年经济收益与折现计算

年	逐年收益/元	$1/(1+0.06)^n$	折现值/元
1	50 000	0.94	47 000
2	80 000	0.89	71 200
3	80 000	0.84	67 200
4	80 000	0.79	63 200
5	60 000	0.75	45 000
收益总计			293 600

由表 2-4 可以推算出以下结果：

(1) 纯收入 = $293\,600 - 200\,000 = 93\,600$(元)。

(2) 投资回收期 $= 3 + \dfrac{200\,000 - 47\,000 - 71\,200 - 67\,200}{63\,200} = 3.23$(年)。

(3) 投资回收率的计算则相对比较复杂，需要通过一个高阶代数方程才能计算出来。当前软件问题的投资回收率计算的高阶代数方程是：

$$\frac{5}{1+j} + \frac{8}{(1+j)^2} + \frac{8}{(1+j)^3} + \frac{8}{(1+j)^4} + \frac{6}{(1+j)^5} = 20$$

四、教务管理信息系统可行性研究

可行性分析是确定项目的开发是否必要和可行，进一步明确系统的目标、规模与功能，提出系统开发的初步方案与计划，其关键问题是系统开发的技术可行性研究、经济可行性研究、营运可行性研究，以及系统开发初步方案与开发计划的制订。示例如表 2-5 所示。

表 2-5　希望中学教学管理信息系统可行性研究

希望中学教务管理信息系统可行性研究
可行性分析是需求分析的重要活动，是对系统进行全面、概要地分析。 现行系统主要进行基本信息的录入和一些简单的查询，很多地方仍需要手工操作，且信息处理工作出错率较高，尤其是对于大数据量性能差。 因此，我们需要建立新的信息自动化的管理系统，充分利用现有资源，改进工作方式，提高管理水平。 1. 技术可行性 学校教学管理部门均配备了高性能的计算机，且学校师资力量雄厚，具有一定的计算机管理方面的人才，在今后的系统维护上存在技术上的可行性。 2. 经济可行性 今天，计算机的价格已经十分低廉，性能却有着长足的进步，它已经被应用于许多领域。所以，学校教务管理系统所需的开发费用并不很昂贵，然而这套系统的成功投入使用可以大量节约人力，提高信息管理的质量，为学校教育质量的提高提供了保证。 3. 营运可行性 对于系统的运行环境要求不高，学校完全能够实现。开发的软件系统用户界面友好，简单易学，只需稍加培训，操作人员便能对系统功能做到一目了然，且系统的可移植强，所以说系统存在着营运可行性。

✦✦✦✦✦　习　　题　✦✦✦✦✦

1. 名词解释：

　　系统流程图　　可行性研究　　投资回收期
2. 简述可行性分析报告的内容。
3. 简述成本估计以及软件项目效益分析技术。

项目三 需求分析

项目引导

本项目主要对软件进行需求分析的任务步骤、所用到的图形工具，重点介绍结构化分析技术。

知识目标

(1) 了解需求分析的任务、方法和过程。

(2) 掌握需求分析图形工具。

(3) 掌握结构化分析方法。

(4) 会编写需求规格说明书。

能力目标

会对小型软件进行需求分析，并建立逻辑模型，书写需求规格说明书。

任务一　认识需求分析

需求分析也称为软件需求分析、系统需求分析或需求分析工程等，是开发人员经过深入细致的调研和分析，准确理解用户和项目的功能、性能、可靠性等具体要求，将用户非形式的需求表述转化为完整的需求定义，从而确定系统必须做什么的过程。它的基本任务是准确地回答"系统必须做什么？"这个问题。在需求分析阶段产生的文档是软件需求规格说明书，它以书面形式准确地描述软件需求。

在分析软件需求和书写软件需求规格说明书的过程中，分析员和用户都起着关键的、必不可少的作用。用户不知道怎样用软件实现自己的需求，因此，用户必须把他们对软件的需求尽量准确、具体地描述出来；分析员对用户的需求并不十分清楚，必须通过与用户沟通获取用户对软件的需求。

需求分析和规格说明是一项十分艰巨且复杂的工作。不仅在整个需求分析过程中应采用行之有效的通信技术，而且必须严格审查、验证需求分析的结果。

目前，有很多用于需求分析的结构化分析方法，所有这些分析方法都遵守下述准则：

(1) 必须理解并描述问题的信息域(建立数据模型)。

(2) 必须定义软件应完成的功能(建立功能模型)。

(3) 必须描述作为外部事件结果的软件行为(建立行为模型)。

(4) 必须对描述信息、功能和行为的模型进行分解，用层次的方式展示细节。

一、需求分析概述

需求分析是指开发人员要准确理解用户的要求，进行细致的调查分析，将用户非形式的需求陈述转化为完整的需求定义，再由需求定义转换到相应的形式功能规约(需求规格说明)的过程。需求分析虽处于软件开发过程的开始阶段，但它对于整个软件开发过程以及软件产品质量是至关重要的。在计算机发展的早期，所求解问题的规模小，需求分析容易被忽视。

随着软件系统复杂性的提高及规模的扩大，需求分析在软件开发中所处的地位愈加突出，从而也愈加困难，它的难点主要体现在以下几个方面：

(1) 问题的复杂性。这是由用户需求所涉及的因素繁多引起的，如运行环境和系统功能等。

(2) 交流障碍。需求分析涉及人员较多，如软件系统用户、问题领域专家、需求工程师和项目管理员等，这些人具备不同的背景知识，处于不同的角度，扮演不同的角色，造成了相互之间交流的困难。

(3) 不完备性和不一致性。由于各种原因，用户对问题的陈述往往是不完备的，其各方面的需求还可能存在着矛盾，需求分析要消除其矛盾，形成完备及一致的定义。

(4) 需求易变性。用户需求的变动是一个极为普遍的问题，即使是部分变动，也往往会影响到需求分析的全部，导致不一致性和不完备性。

为了克服上述困难，人们主要围绕着需求分析的方法及自动化工具(如 CASE 技术)等方面进行研究。

近几年来已提出许多软件需求分析与说明的方法(如结构化分析方法和面向对象分析方法)，每一种分析方法都有独特的观点和表示法，但都适用下面的基本原则：

(1) 必须能够表达和理解问题的数据域和功能域。数据域包括数据流(即数据通过一个系统时的变化方式) 数据内容和数据结构，而功能域反映上述三方面的控制信息。

(2) 可以把一个复杂问题按功能进行分解并可逐层细化。通常软件要处理的问题如果太大太复杂就很难理解，若划分成几部分，并确定各部分间的接口，就可完成整体功能。在需求分析过程中，软件领域中的数据、功能和行为都可划分。

(3) 建模。模型可以帮助分析人员更好地理解软件系统的信息、功能和行为，这些模型也是软件设计的基础。

结构化分析方法和面向对象分析方法都遵循以上原则。

1. 需求分析的任务

软件需求分析的任务是：深入描述软件的功能和性能，确定软件设计的约束和软件同其他系统元素的接口细节，定义软件的其他有效性需求，借助当前系统的逻辑模型导出目标系统逻辑模型，解决目标系统"做什么"的问题。在可行性研究和项目开发计划阶段对这个问题的回答是概括的、粗略的。

1) 确定系统的综合需求

系统分析员和用户共同确定对问题综合需求。表 3-1 给出了综合需求的类别、定义和相关举例,其中最重要的是功能需求,其应确定系统必须完成的所有功能。在确定功能需求的基础上,还应根据组织机构和使用用户的具体情况,确定系统在性能、运行等方面的一系列需求。

表 3-1 需求说明表

需 求	定 义	备 注
功能需求	所开发的软件必须具备什么样的功能	
性能需求	待开发的软件的技术性能指标	存储容量、响应时间
环境需求	软件运行时所需要的软、硬件的要求	机型、外投、操作系统和数据库管理系统
用户界面需求	用户对界面的操作习惯、风格要求等	人机交互方式、输入输出数据格式
可靠性需求	定量地指定系统的可靠性	每月系统出现故障 1 次
安全性需求	系统对数据安全的保密要求	
可移植性需求	软件从某一环境移植到另一环境下的要求	
可维护性需求	理解、改正、改动、改进软件的要求	
出错处理需求	系统对环境错误应该怎样响应	如果它接收到从另一个系统发来的违反协议格式的消息,应该做什么
接口需求	应用系统与它的环境通信的格式	用户接口需求;硬件接口需求;软件接口需求;通信接口需求
约束	设计约束或实现约束描述在设计或实现应用系统时应遵守的限制条件	精度;工具和语言约束;设计约束;应该使用的标准;应该使用的硬件平台
逆向需求	软件系统不应该做什么	
将来可能提出的要求	用户将来很可能会提出来的要求	

2) 分析系统的数据要求

任何一个软件系统本质上都是信息处理系统,系统必须处理的信息和系统应该产生的信息在很大程度上决定了系统的面貌,对软件设计有深远影响,因此,必须分析系统的数据要求,这是软件需求分析的一个重要任务。分析系统的数据要求通常采用建立数据模型的方法。

软件系统复杂的数据由许多基本的数据元素组成,数据元素之间的逻辑关系用数据结构来表示。利用数据字典可以全面准确地定义数据,但是数据字典的缺点是不够直观。为了提高可理解性,常常利用图形工具辅助描绘数据结构。常用的图形工具有层次方框图和Warnier 图。

3) 导出系统的逻辑模型

综合上述两项分析结果可以导出系统详细的逻辑模型,通常用数据流图、实体-联系图、状态转换图、数据字典和主要的处理算法描述这个逻辑模型。

4) 修正系统开发计划

根据在分析过程中获得的对系统的更深入更具体的了解，可以比较准确地估计系统开发的成本和进度，修正以前制定的开发计划。

5) 开发原型系统

快速原型系统核心思想是：在软件开发的早期快速建立目标软件的原型，让用户对原型进行评估并提出修改意见，当原型几经改进最终确定后，它将由软件设计和编码阶段进化成软件产品；或者设计和编码人员遵循原型所确立的外部特征实现软件产品。

2. 需求分析的步骤

1) 问题识别

问题识别是指从系统的角度来理解软件并评审软件范围是否恰当，确定对目标系统的综合要求，即软件的需求，提出这些需求实现条件，以及需求应达到的标准。问题识别的另一项工作是建立分析所需要的通信途径(如图 3-1 所示)，以保证能顺利地对问题进行分析。

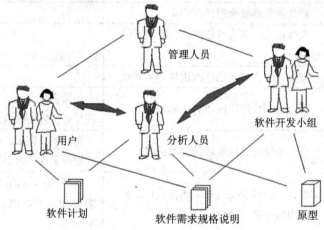

图 3-1　问题识别的通信途径

2) 分析与综合，导出软件的逻辑模型

分析人员对获取的需求，进行一致性的分析检查，在分析、综合中逐步细分软件功能，划分成各个子功能。这里也包括对数据域进行分解，并分配到各个子功能上，以确定系统的构成及主要成分，并用图文结合的形式，建立起新系统的逻辑模型。

3) 编写文档

编写文档的步骤如下：

(1) 编写"需求说明书"，把双方共同的理解与分析结果用规范的方式描述出来，作为今后各项工作的基础。

(2) 编写初步用户使用手册，着重反映被开发软件的用户功能界面和用户使用的具体要求，用户手册能强制分析人员从用户使用的角度考虑软件。

(3) 编写确认测试计划，作为今后确认和验收的依据。

(4) 修改完善项目开发计划。在需求分析阶段对开发的系统有了更进一步的了解，所以能更准确地估计开发成本、进度及资源要求，因此对原计划要进行适当修正。

4) 需求评审

需求评审的内容包括：系统定义的目标是否与用户的要求一致；系统需求分析阶段提供的文档资料是否齐全；文档中的所有描述是否完整、清晰、准确反映用户要求；与所有其他系统成分的重要接口是否都已经描述；被开发项目的数据流与数据结构是否足够确定；所有图表是否清楚，在不补充说明时能否被理解；主要功能是否已包括在规定的软件范围之内，是否都已充分说明；设计的约束条件或限制条件是否符合实际；开发的技术风险是什么；是否考虑过软件需求的其他方案；是否考虑过将来可能会提出的软件需求；是否详细制定了检验标准，它们能否对系统定义是否成功进行确认。

二、需求分析方法

需求分析的过程如图 3-2 所示。需求分析方法有功能分解方法、结构化分析方法、信息建模方法和面向对象分析方法等。

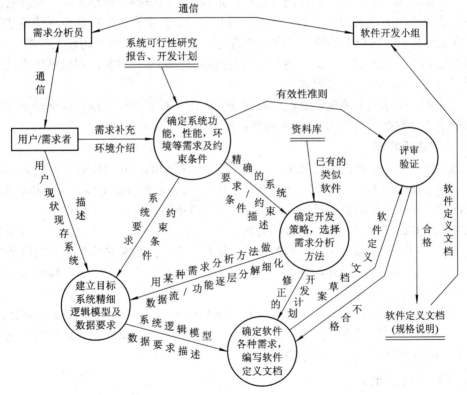

图 3-2　需求分析的过程

1．功能分解方法

功能分解方法是将一个系统看成是由若干功能构成的一个集合，每个功能又可划分成若干个加工(即子功能)，一个加工又进一步分解成若干加工步骤(即子加工)。因此，功能分解方法有功能、子功能和功能接口三个组成要素。它的关键策略是利用已有的经验，对一个新系统预先设定加工和加工步骤，着眼点放在这个新系统需要进行什么样的加工上。

功能分解方法本质上是用过程抽象的观点来看待系统需求，符合传统程序设计人员的思维特征，而且分解的结果一般已经是系统程序结构的一个雏形，实际上它已经很难与软件设计明确分离。

这种方法存在一些问题，它需要人工来完成从问题空间到功能和子功能的映射，即没有显式地将问题空间表现出来，也无法对表现的准确程度进行验证，而问题空间中的一些重要细节更是无法提示出来。可以看出，功能分解方法缺乏对客观世界中相对稳定的实体结构进行描述，而将基点放在相对不稳定的实体行为上，因此，基点是不稳定的，难以适应需求的变化。

2. 结构化分析方法

结构化分析方法(Structured Method)是一种软件开发方法，一般利用图形表达用户需求，强调开发方法的结构合理性以及所开发软件的结构合理性。结构化分析方法是一种从问题空间到某种表示的映射方法，它由数据流图表示，是结构化重要的、被普遍接受的表示系统，它由数据流图和数据词典构成。这种方法简单实用，适于数据处理领域。

该方法沿现实世界中的数据流进行分析，把数据流映射到分析结果中。但现实世界中的有些要求不是以数据流为主干的，就难于用此方法。如果分析是在现有系统的基础上进行的，应先除去原来物理上的特性，增加新的逻辑要求，再追加新的物理上的考虑，这时，分析面对的并不是问题空间本身，而是过去对问题空间的某一映射，在这种焦点已经错位的前提下进行分析显然是十分困难的。

该方法的一个难点是确定数据流之间的变换，而且数据词典的规模也是一个问题，它会引起所谓的"数据词典爆炸"，同时对数据结构的强调很少。

3. 信息建模方法

信息建模方法是从数据的角度来对现实世界建立模型的，它对问题空间的认识是很有帮助的。该方法的基本工具是 ER 图(实体联系图)，其基本要素由实体、属性和联系构成。该方法的基本策略是从现实世界中找出实体，然后再用属性来描述这些实体。

信息模型和语义数据模型是紧密相关的，有时被看做是数据库模型。在信息模型中，实体 E 是一个对象或一组对象，实体把信息收集在其中，关系 R 是实体之间的联系或交互作用，有时在实体和关系之外，再加上属性。实体和关系形成一个网络，描述系统的信息状况，给出系统的信息模型。

信息建模和面向对象分析很接近，但仍有很大区别。在 ER 图中，数据不封闭，每个实体和它的属性的处理需求不是组合在同一实体中的，没有继承性和消息传递机制来支持模型，但 ER 图是面向对象分析的基础。

4. 面向对象分析方法

面向对象分析方法是把 ER 图中的概念与面向对象程序设计语言中的主要概念结合在一起而形成的一种分析方法。在该方法中采用了实体、关系和属性等信息模型分析中的概念，同时采用了封闭、类结构和继承性等面向对象程序设计语言中的概念。

三、需求获取方法

1. 访谈

访谈是最早开始使用的获取用户需求的技术，也是迄今为止仍然广泛使用的需求分析技术。

访谈有两种基本形式，分别是正式的和非正式的访谈。正式访谈时，系统分析员将提出一些事先准备好的具体问题。在非正式访谈中，分析员将提出一些用户可以自由回答的开放性问题，以鼓励被访问人员说出自己的想法。

当需要调查大量人员的意见时，向被调查人分发调查表是一个十分有效的做法。分析员仔细阅读收回的调查表，然后再有针对性地访问一些用户，以便向他们询问在分析调查表时发现的新问题。

在访问用户的过程中往往使用情景分析技术。所谓情景分析就是对用户将来使用目标系统解决某个具体问题的方法和结果进行分析。该技术非常有效，主要体现在下述两个方面：

(1) 它能在某种程度上演示目标系统的行为，从而便于用户理解，而且还可能进一步揭示出一些分析员目前还不知道的需求。

(2) 由于情景分析较易为用户所理解，使用户在需求分析过程中始终扮演一个积极主动的角色，以获得更多的用户需求。

2．面向数据流自顶向下求精

软件系统的基本功能都是把输入数据转变成需要的输出数据，从本质看，数据决定了系统的处理和算法，因而，数据是需求分析的出发点。结构化分析方法就是面向数据流自顶向下逐步求精进行需求分析的方法。

需求分析的目标之一就是把可行性研究得到的数据流和数据存储定义到元素级(足够小数据)。为了达到这个目标，通常从数据流图的输出端着手分析，分析输出数据是由哪些元素组成的，每个输出数据元素又是从哪里来的，沿数据流图从输出端往输入端回溯，即可确定每个数据元素的组成和来源(是从外面输入到系统中的，还是通过计算由系统中产生出的)，与此同时也就初步定义了有关的数据处理算法。

通常把自顶向下逐步求精分析过程中得到的相关数据元素的信息记录在数据字典中，把对算法的简明描述记录在 IPO(输入—处理—输出)图中。经过分析而补充的数据流、数据存储和处理，也应该添加到数据流图的适当位置上。

通过用户对数据流的复查与验证，可补充未知的数据元素，或修正原有的数据元素。

通过自顶向下逐步求精的功能分解，可以完成数据流图的细化。

反复进行上述分析过程，分析员将越来越深入具体地定义目标系统，最终达到对系统数据和功能要求的满意了解。图 3-3 粗略地概括了上述分析过程。

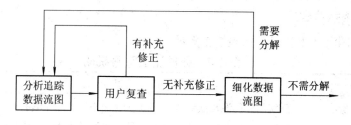

图 3-3　自顶向下逐步求精分析过程

3. 快速建立软件原型

快速建立软件原型是最准确、最有效、最强大以需求分析技术。

快速原型就是根据用户需求，快速建立起可运行的目标系统。其要点是：它应该实现用户看得见的功能(如：屏幕显示或打印报表)，省略"隐含"的功能(如：修改文件)。

快速原型应该具备以下特性：

(1) 快速。目的是尽快向用户提供一个可在计算机上运行的目标系统模型，以便使用户和开发者在目标系统应该"做什么"这个问题上尽可能快地达成共识。

(2) 容易修改。根据用户的意见迅速地修改，以便满足用户需求。原型的修改是"修改—试用—反馈"过程。

为了快速地构建和修改原型，通常使用下述三种方法和工具：

(1) 第四代技术。第四代技术包括众多数据库查询和报表语言、程序和应用系统生成器以及其他非常高级的非过程语言。

(2) 可重用的软件构件。快速构建原型的另一种方法，是使用一组已有的软件构件(也称为组件)来装配(而不是从头构造)原型。软件构件可以是数据结构(或数据库)，或软件体系结构构件(即程序)，或过程构件(即模块)。

(3) 形式化规格说明和原型环境。

任务二　需求分析图形工具

一、数据流图

数据流图(Data Flow Diagram，DFD)从数据传递和加工角度，以图形方式来表达系统的逻辑功能、数据在系统内部的逻辑流向和逻辑变换过程，是结构化系统分析方法的主要表达工具及用于表示软件模型的一种图示方法。

数据流图是一种图形化技术，它对系统的逻辑功能进行描绘，图中没有任何具体的物理元素，只是描绘数据在软件中流动和被处理的逻辑过程。数据流图是分析员与用户之间极好的通信工具。作为交流信息的工具，分析员把系统的逻辑模型用数据流图描绘出来，供有关人员审查确认。分析员则常用系统流程图来表达他对新系统的认识，这种描绘方法形象具体，比较容易验证其正确性。当用数据流图辅助物理系统的设计时，可根据系统的逻辑模型考虑系统的物理实现。

1. 基本概念和符号

数据流图有四种基本符号，如表 3-2 所示。

表 3-2　数据流图符号说明

图形符号	说　　明
□	数据接口，系统的外部源头或终点，用来表示系统与外部环境的关系。可以将接口理解为系统的服务对象，例如：系统的操作人员，使用系统的机构或部门，系统之外的其他系统或设备等

续表

图形符号	说　　　明
	数据处理，表示将数据由一种形式转换成了另一种形式的某种活动。数据处理框上必须有数据的流入与流出，用以描述流入处理框的数据经过处理变换成了流出的数据。对数据的处理可以是程序处理、人工处理、设备处理等
	数据存储，数据的静态形式，用来表示任何对数据的存储。例如，用于临时存储的内存变量，存储在磁盘或磁带上的数据文件、数据表、记录集，存储在纸质上的数据备份等。它可以是介质上某个存储单元的全部数据内容，也可以是介质上某个存储单元的存储片段
→	数据流，图中数据的动态形式，表示数据的流向。数据流必须与一个数据处理相连接，以表示数据处理在接收或发送数据的过程中给数据带来的变换。可以通过数据流将某个数据处理连接到其他的处理，或连接到数据存储、数据接口

注意，数据流与程序流程图中用箭头表示的控制流有本质不同，千万不要混淆。在数据流图中应该描绘所有可能的数据流向，而不应该描绘出现某个数据流的条件。

2．绘制数据流图的步骤

画数据流图有以下两步：

(1) 首先画系统的输入/输出，即先画顶层数据流图。

(2) 绘制系统内部，即画下层数据流图。一般将层号从 0 开始编号，采用自顶向下、由外向内的原则。

(3) 注意事项如下：

① 命名；

② 编号；

③ 每个处理(加工)至少有一个输入和输出数据流；

④ 画数据流而不是控制流；

⑤ 父图与子图的平衡；

⑥ 局部数据存储；

⑦ 可理解性。

(4) 命名。数据流图中每个成分的命名是否恰当，直接影响数据流图的可理解性。在命名时应注意，为数据流(或数据存储)命名时，名字应代表整个数据流(或数据存储)的内容，使人容易理解其含义。如库存信息、订货报表等。为处理命名时，名字应该反映整个处理的功能。如处理订货、产生报表等。

二、数据字典

数据字典(Data dictionary)是指对数据的数据项、数据结构、数据流、数据存储、处理逻辑、外部实体等进行定义和描述，其目的是对数据流程图中的各个元素做出详细的说明，使用数据字典为简单的建模项目。简而言之，数据字典是描述数据信息的集合，是对系统中使用的所有数据元素定义的集合。

数据流图和数据字典共同构成系统的逻辑模型，没有数据字典，数据流图就不严格；然而没有数据流图，数据字典也难以发挥作用。

绘制数据流程图，只是对数据处理和彼此之间的联系进行了说明，为了进一步明确数据的详细内容和数据的加工过程，现列出部分内容。

数据字典的作用是给数据流程图上每个成分加以定义和说明。换句话说，数据流程图只能给出系统逻辑功能的一个总框架，而缺乏详细、具体的内容。数据字典对数据流程图的各种成分起注解、说明作用，给这些成分赋予实际的内容。除此以下，数据字典还要对系统分析中其他需要说明的问题进行定义和说明。

1. 数据字典的内容

数据字典的内容包括五个方面：数据流、数据存储、数据元素、外部项、加工。其中，数据元素是组成数据流的基本成分。

数据流：由一个或一组固定的数据元素组成。定义数据流时，不仅要说明数据流的名称、组成等，还应指明它的来源、去向和流通量等。

数据存储：是数据结构停留的场所。数据存储只是描述数据的逻辑存储的结构，不涉及物理组织。通常包括编号、名称、简述、组成、关键字和相关联的处理等。

数据元素：又称为数据项，是数据的最小单位。数据应从静态及动态两个方面去分析。在数据字典中，主要是对数据的静态特性加以定义。

外部项：包括外部项名称、编号、简述及有关数据流的输入和输出。

加工：是对数据流程图中最底层的处理逻辑加以说明，内容包括加工名称、简述、输入、处理过程、输出和处理频率。

2. 定义数据的方法

数据字典中的定义就是对数据自顶向下的分解，应把数据分解到什么程度，一般以其含义清楚作为标准。

由数据项(元素)组成数据的方式有四种类型：

(1) 顺序：以确定次序连接两个或多个分量；

(2) 选择：从两个或多个可能的元素中选择一个；

(3) 重复：指定的分量重复零次或多个；

(4) 可选：一个分量是可有可无的。

数据字典中常用的一些符号如下：

"＝"：等价于(定义为)；

"＋"：和(连接两个分量)；

"[ ]"：或(选其中之一)；

"{ }"：重复；

"( )"：可选(可有可无)。

3. 实例

以下列出本系统部分主要数据流、数据元素、数据存储及加工的数据字典。

(1) 数据流的数据字典(如表 3-3 所示)。

表 3-3 数据流的数据字典

数 据 流		
系统名：希望中学教务管理信息系统	编号：F2.1	
条目名：学生基本情况登记表	别名：	
来源："工作人员"外部实体	去处：学生档案管理	
数据流结构： 　　学生档案＝{姓名+性别+出生年月+籍贯+民族+政治面貌+家庭地址+邮编+入学时间+备注}		
简要说明： 　　学生登记表是每年新入校的学生填写的，或从外校转校来的学生填写的。		
修改记录：	编写：××××	日期：201×.×
	审核：××××	日期：201×.×

(2) 数据存储的数据字典(如表 3-4 所示)。

表 3-4 数据存储的数据字典

数 据 存 储			
系统名：希望中学教务管理信息系统 条目名：学生学籍库	编号：D2 别名：		
存储组织： 　　每个学生为一条记录组成的二维表	记录数： 　　按实际情况而定	主键：学号 辅键：班级编号	
记录组成： 　　学生档案＝{学号+姓名+班级编号+性别+出生年月+籍贯+民族+政治面貌+家庭地址+邮编 　　　　　　+入学时间+备注}			
简要说明： 　　用于记录学生基本情况。			
修改记录：	编写：××××		日期：201×.×
	审核：××××		日期：201×.×

(3) 数据元素的数据字典(如表 3-5 所示)。

表 3-5　数据元素的数据字典

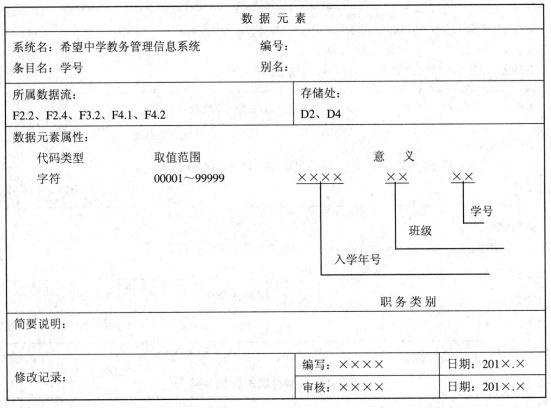

数 据 元 素

| 系统名：希望中学教务管理信息系统 | 编号： |
| 条目名：学号 | 别名： |

| 所属数据流： | 存储处： |
| F2.2、F2.4、F3.2、F4.1、F4.2 | D2、D4 |

数据元素属性：

代码类型　　　　　取值范围　　　　　　　　　意　义

字符　　　　　　00001～99999

简要说明：		
修改记录：	编写：××××　日期：201×.×
	审核：××××　日期：201×.×

(4) 外部项的数据字典(如表 3-6 所示)。

表 3-6　外部项的数据字典

外 部 项

| 系统名：希望中学教务管理信息系统 | 编号： |
| 条目名：教导处 | 别名： |

输入数据流：	输出数据流：
F1.1　　教学安排计划	F1.2　　课程安排表
F1.1.1 课程安排计划	F4.1　　学生各科成绩表
F2.1　　学生基本情况登记表	F3.4　　教师个人资料明细表
F1.6　　考核信息表	

主要特征：

　　教导处即本信息系统中与学生、教师、校办等进行联系的部门。

简要说明：

　　教导处负责教学工作安排，进行教师考核工作。

修改记录：	编写：××××　日期：201×.×
	审核：××××　日期：201×.×

(5) 加工的数据字典(如表 3-7 所示)。

表 3-7 加工的数据字典

加 工	
系统名：希望中学教务管理信息系统　　　编号：1	
条目名：教学安排管理　　　　　　　　　　别名：	
输入数据流： 　F1.1　　教学安排计划 　F1.1.1　课程安排计划	输出数据流： 　F1.3　　教师课程表 　F1.4　　教学安排表 　F1.5　　课程目录表
加工逻辑： 　　工作人员按照各科的教学计划进行排课； 　　接受教导处对各类课程安排的查询； 　　工作人员将教学计划存档； 　　向各科教师发出课程安排表； 　　向总务处提供课程目录。	
简要说明： 　　教师档案主要由工作人员输入信息，教导处获取信息。	
修改记录：	编写：×××× 日期：201×.× 审核：×××× 日期：201×.×

三、实体联系图

为了清楚、准确地描述用户对数据的要求，分析员通常建立一个概念性的数据模型(也称信息模型)——实体—联系模型(Entity-Relationship Model，E-R 模型)，它是一种面向问题的数据模型，是按用户的观点对数据建立的模型。

1. 基本概念和符号

数据模型包含 3 种信息：数据对象、数据对象的属性及数据对象彼此间相互连接的关系。

1) 数据对象(实体)

数据对象是对软件的复合信息的抽象，它是指具有一系列不同性质或属性的事物，仅有单个值的事物(如宽度)不是数据对象。

数据对象可以是外部实体(产生或使用信息的任何事物)、事物(如报表)、行为(如打电话)、事件(如响警报)、角色(如教师、学生)、单位(如会计科)、地点(如仓库)或结构(如文件)等。

数据对象彼此间是有关联的，如教师与学生之间有教或学的关系。

数据对象只封装了数据而没有对施加于数据上的操作进行引用。

2) 属性

属性是数据对象或联系所具有的性质。一个数据对象通常由若干个属性来刻画,如:学生有学号、姓名、性别、系、年级等。联系也可能有属性,如学生"学"某门课程。

3) 联系

联系是数据对象彼此之间相互连接的方式,也称为关系。联系分为 3 种类型:

(1) 一对一联系(1∶1),如:一个部门有一个经理。

(2) 一对多联系(1∶N),如:教师与课程。

(3) 多对多联系(M∶N),如:学生与课程。

4) 实体–联系图 (Entity-Relationship diagram,E-R 图)的符号

通常用矩形框代表实体,菱形框表示联系,用椭圆形或圆角矩形表示实体(或关系)的属性,如图 3-4 所示。

实体　　　　　实体属性　　　　　联系

图 3-4　实体联系图的符号

2. E-R 图实例

数据库设计中十分重视数据分析、抽象与概念结构的设计,概念结构的设计是整个数据库设计的关键。用于描述概念结构模型的工具是 E-R 模型。需求分析采用自顶向下的结构设计方法,而概念结构设计通常采用自底向上的设计方法,这种方法是首先定义各局部应用的概念结构,然后将他们集成,得到全局的概念结构,即从需求分析的数据流(DFD)、数据字典 DD———▶概念结构设计中的分 E-R 图———▶总 E-R 图。

数据模型是数据库设计的核心和基础,概念模型是将现实世界中的客观对象首先抽象成为不依赖任何具体机器的信息结构。概念结构不是数据库管理系统 DBMS 支持的数据模型,而是概念级模型。然后再把概念模型转换为具体机器 DBMS 支持的数据模型。因此,概念模型可以看成是显示世界到机器世界的一个过渡的中间层次。

概念模型的特点:是对现实世界的抽象和概括;简洁、明晰、独立于机器,很容易理解;易于更动;容易向关系、网状、层次等各种数据模型转换。

概念模型最常用的表示方法是实体—联系方法。以某中学的教务管理信息系统为例,按照数据库的概念设计本系统的 E-R 图(见图 3-5)。

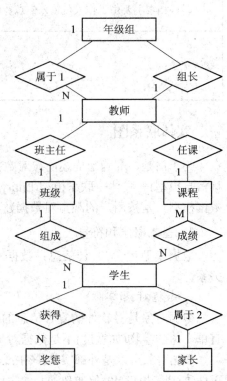

图 3-5　教务管理信息系统的实体联系图

四、状态转换图

状态转换图简称状态图，是描述行为模型的常用工具。它通过描绘系统的状态及引起系统状态转换的事件，来表示系统的行为。此外，状态图还指明了事件将做的动作(如处理数据)。因此，状态图提供了在需求分析过程中建立软件系统的行为模型的机制。

1．状态

状态是系统行为模式，一个状态代表系统的一种行为模式。

状态规定了系统对事件的响应方式。系统对事件的响应，既可以是做一个(或一系列)动作，也可以是仅仅改变系统本身的状态，还可以是既改变状态又做动作。

在状态图中定义的状态主要有：初态(即初始状态)、终态(即最终状态)和中间状态。在一张状态图中只能有一个初态，而终态则可以有 0 至多个。

2．事件

事件是在某个特定时刻发生的事情，它是对引起系统做动作或(和)从一个状态转换到另一个状态的外界事件的抽象，是一种控制信息，没有持续时间，是瞬间完成的。

例如，敲击键盘或点击鼠标等都是事件。

3．符号

初态用实心圆表示：•。

终态用一对同心圆(内圆为实心圆)表示：⊙。

中间状态用圆角矩形表示，可以用两条水平横线把它分成上、中、下 3 个部分。上面部分为状态的名称，是必须有的；中间部分为状态变量的名字和值，是可选的；下面部分是活动表，是可选的。

状态转换图如图 3-6 所示。

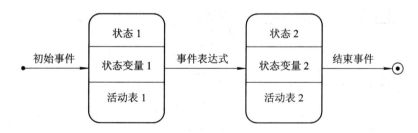

图 3-6　状态转换图

其中活动表的语法格式为：事件名(参数表)/动作表达式。

在活动表中经常使用 3 种标准事件：entry，exit 和 do。entry 事件指定进入该状态的动作，exit 事件指定退出该状态的动作，而 do 事件则指定在该状态下的动作。

状态图中两个状态之间带箭头的连线称为状态转换，箭头指明了转换方向。状态变迁通常是由事件触发的，因此，在箭头线上要标出触发状态转换的事件表达式。如果在箭头线上未标明事件，则表示在源状态的内部活动执行完之后自动触发转换。

事件表达式的语法为：事件说明［守卫条件］/ 动作表达式。

其中，事件说明的语法为：事件名(参数表)。

守卫条件是一个布尔表达式。如果同时使用事件说明和守卫条件，则当且仅当事件发生且布尔表达式为真时，状态转换才发生。如果只有守卫条件没有事件说明，则只要守卫条件为真状态转换就发生。

动作表达式是一个过程表达式，当状态转换开始时执行该表达式。

4. 例子

打电话时的系统状态图如图 3-7 所示。

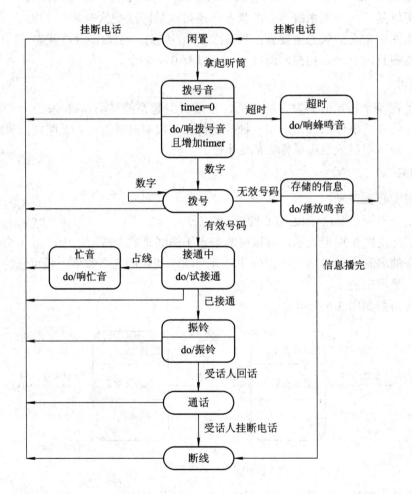

图 3-7　电话系统的状态转换图

图 3-7 表明，没有人打电话时电话处于闲置状态；有人拿起听筒则进入拨号音状态，到达这个状态后，电话的行为是响起拨号音并计时；这时如果拿起听筒的人改变主意不想打了，他把听筒放下(挂断)，电话重又回到闲置状态；如果拿起听筒很长时间不拨号(超时)，则进入超时状态……

任务三 结构化分析技术

一、结构化分析技术

人在求解问题时，首要需要做的是理解问题，并且对问题理解得越透彻，这个问题就越容易解决。所谓模型，就是为了理解问题而对问题做的一种符号抽象。可以把模型看作为一种思维工具，利用这种工具可以把问题规范地表示出来。

模型一般由一组图示符号和组织这些符号的规则组成。因此，分析时期的建模，就是针对用户需求、系统需求等，采用图示方式进行直观描述。软件问题往往是复杂的，而建模可以使问题简化。人的头脑每次只能处理一定数量的信息，模型通过把系统分解成人的头脑一次能处理的若干个子部分，从而减少系统的复杂程度。分析时期建立软件模型的作用是多方面的，可以通过模型实现由用户需求向系统需求的过渡，并可通过模型获得对系统需求的更具细节性的推论。实际上，分析时期产生的模型还可以被引用到系统设计中去，作为设计前导。

为了开发复杂的软件系统，往往需要从不同角度去构造系统模型。例如：用于描述系统功能组织结构的层次模型，用于描述系统中数据加工流程的数据流模型，用于描述数据实体及其关系的数据关系模型，用于描述系统行为过程的系统状态模型等。

结构化分析方法适合于数据处理类型软件的需求分析。具体来说，结构化分析方法就是用抽象模型的概念，按照软件内部数据传递、变换的关系，自顶向下逐层分解，直到找到满足功能要求的所有可实现的软件为止。

二、实例分析

在对教务管理系统调研阶段的业务流程图进行分析的基础上，从系统的科学性、管理的合理性、实际运行的可行性等角度出发，将信息处理功能和彼此之间的联系自顶向下、逐层分解，从逻辑上精确地描述新系统应具有的数据加工功能和数据输入、数据存储、数据来源、去向和外部项。

绘制数据流程图应遵循的原则如下：

(1) 确定系统边界，本系统外部项有：教导处、总务处、年级组、校办；

(2) 自顶向下逐层扩展；

(3) 合理布局；

(4) 数据流程图只反映数据流向、数据加工和逻辑意义上数据存储；

(5) 数据流程图绘制过程，就是系统的逻辑模型的形成过程，必须始终与用户密切接触。

首先，在调查研究的基础上，明确所描述的系统与各外部实体的信息联系，绘制出最高层的数据流图——关联图。在关联图中，所描述的系统被当做一个数据加工项，着重描述系统与外部实体的联系，表明系统作用的范围和边界，本系统的关系图如图 3-8 所示，也即希望中学教务管理系统顶层数据流程图。

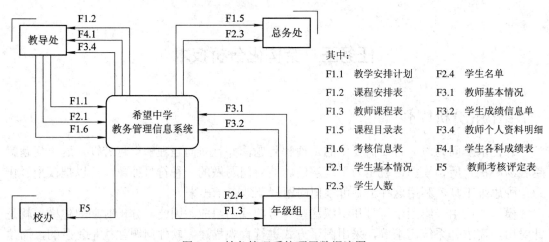

图 3-8　教务管理系统顶层数据流图

其中：
F1.1　教学安排计划　　　　F2.4　学生名单
F1.2　课程安排表　　　　　F3.1　教师基本情况
F1.3　教师课程表　　　　　F3.2　学生成绩信息单
F1.5　课程目录表　　　　　F3.4　教师个人资料明细
F1.6　考核信息表　　　　　F4.1　学生各科成绩表
F2.1　学生基本情况　　　　F5 　 教师考核评定表
F2.3　学生人数

其次，确定系统的主要信息处理功能，按此将整个系统分解成几个加工环节，确定每个加工的输入输出数据流以及与这些加工有关的数据存储，根据它们之间的相互关系，将外部项、各加工环节以及数据存储环节用数据流连接起来，这样就形成了数据流图的 1 层图，本系统 1 层图如图 3-9 所示。

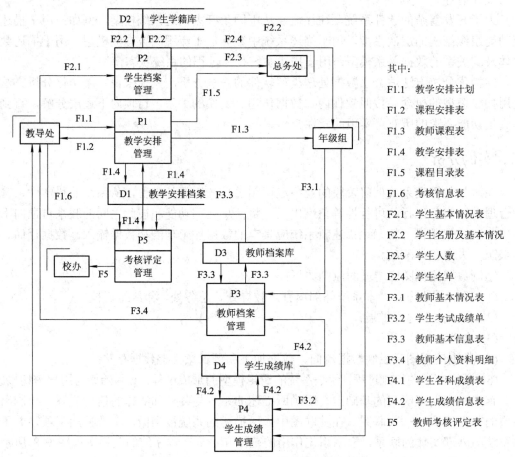

其中：
F1.1　教学安排计划
F1.2　课程安排表
F1.3　教师课程表
F1.4　教学安排表
F1.5　课程目录表
F1.6　考核信息表
F2.1　学生基本情况表
F2.2　学生名册及基本情况
F2.3　学生人数
F2.4　学生名单
F3.1　教师基本情况表
F3.2　学生考试成绩单
F3.3　教师基本信息表
F3.4　教师个人资料明细
F4.1　学生各科成绩表
F4.2　学生成绩信息表
F5　教师考核评定表

图 3-9　教务管理系统 1 层数据流图

　　然后，根据自项向下，逐层分解的原则，对顶层图中全部或部分加工环节进行分解。

　　在数据流图分解中，必须保持各层成分的完整性和一致性，分解时也要保持被分解项的内容为分解后的各项内容之和。下层数据流图不会出现不属于上层图中的数据子项的新的数据存储环节，而且下层图不应出现不属于上层图外部项的子项的新外部项。

　　(1) 教学安排管理数据流图(见图 3-10)。

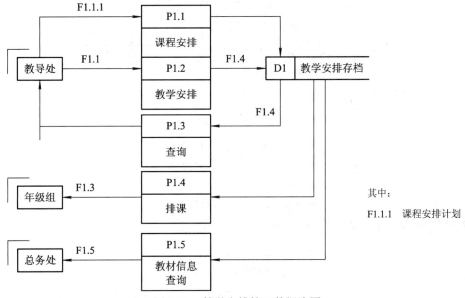

图 3-10　教学安排管理数据流图

　　(2) 学生档案管理数据流图(见图 3-11)。

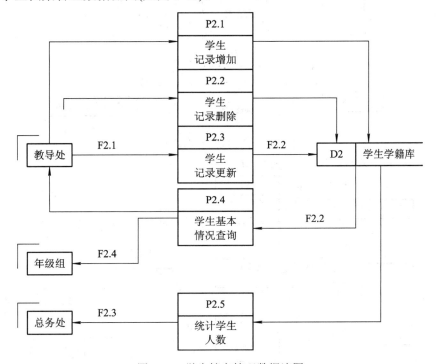

图 3-11　学生档案管理数据流图

(3) 教师档案管理数据流图(见图 3-12)。

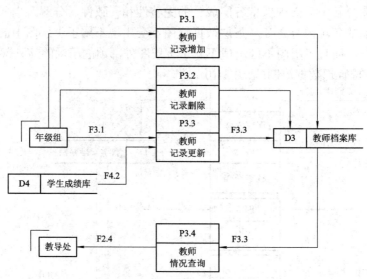

图 3-12　教师档案管理数据流图

(4) 学生成绩管理数据流图(见图 3-13)。

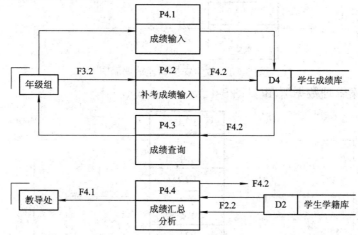

图 3-13　学生成绩管理数据流图

(5) 考核评定管理数据流图(见图 3-14)。

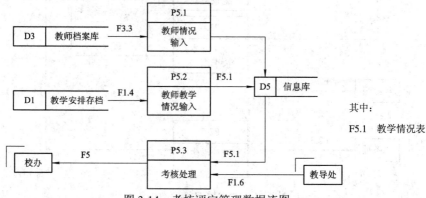

图 3-14　考核评定管理数据流图

任务四 编 写 文 档

需求分析过程除创建分析模型之外，还应写出最主要的文档：软件需求规格说明书。通常用自然语言来书写软件需求规格说明书，也有人建议用形式化方法对其进行描述，以消除自然语言书写过程中可能存在的歧义性、含糊性。

软件需求规格说明书格式如表 3-8 所示。

表 3-8 软件需求规格说明书格式范例

×××××系统需求规格说明书
1. 引言
1.1 编写目的
1.2 背景说明
1.3 术语定义
1.4 参考资料
2. 概述
2.1 功能概述
2.2 约束条件
3. 数据流图和数据字典
3.1 数据流图
3.2 数据字典
4. 接口
4.1 用户接口：屏幕格式、打印格式及内容、可用的功能键与鼠标
4.2 硬件接口：软件产品与硬件之间接口、运行软件的硬件设备特点
4.3 软件接口：软件产品与其他软件之间的接口
5. 性能要求
5.1 精度
5.2 时间特征：响应时间、处理时间、数据传输、转换时间、计算时间等
5.3 灵活性：软件所具有的灵活性，即当用户需求有变化时，本软件的适应能力
6. 属性
6.1 可使用性
6.2 保密性
6.3 可维护性
6.4 可移植性
7. 其他需求
7.1 数据库
7.2 操作
7.3 故障及其处理

✦✦✦✦✦ 习 题 ✦✦✦✦✦

1. 名词解释：

功能需求　　性能需求　　数据流图　　数据字典　　实体—关系图
2. 简述需求分析的概念及需求分析的基本任务。
3. 结构化分析的描述工具有哪些？
4. 需求分析规格说明书的内容有哪些？

项目四　软件设计

项目四　软件设计

项目引导

　　软件设计是对需求分析的结果进行软件模块设计和算法设计的过程，分为总体设计和详细设计两部分。本项目主要介绍总体设计和详细设计的任务和过程、图形工具，并重点介绍结构化设计技术和结构化程序设计技术。

知识目标

　　(1) 了解软件设计的任务和过程。
　　(2) 掌握软件设计的图形工具。
　　(3) 掌握结构化设计技术。
　　(4) 掌握结构化程序设计思路。

能力目标

　　会运用软件设计的图形工具对小型软件或网站进行总体设计、详细设计，并完成总体设计说明书、详细设计说明书。

任务一　总体设计

　　总体设计又称为概要设计或初步设计，基本目的就是回答"系统应该如何实现"这个问题。这个阶段有两个任务：一是划分出组成系统的物理元素——程序、文件、数据库、人工过程和文档等，但是每个物理元素仍然处于黑盒子级，即具体内容将在以后仔细设计；二是设计软件的结构，也就是要确定系统中每个程序是由哪些模块组成的，以及这些模块相互间的关系。

　　总的来说，总体设计过程有以下三个步骤：

　　(1) 分析员根据数据流图寻找实现目标系统的各种不同的方案。

　　(2) 分析员从供选择的方案中选取若干个合理的方案，并为每个合理的方案准备系统流程图，列出组成系统的所有物理元素，进行成本/效益分析，制订实现这个方案的进度计划。

　　(3) 分析员综合分析上述合理方案，从中选出一个最佳方案向用户推荐。如果用户接受了推荐的方案，分析员应进一步为这个最佳方案设计软件结构。

一、总体设计概述

概要设计也称总体设计，其基本目标是能够针对软件需求分析中提出的一系列软件问题，概要地回答问题如何解决。例如，软件系统将采用什么样的体系构架，需要创建哪些功能模块，模块之间的关系如何，数据结构如何，软件系统需要什么样的网络环境提供支持，需要采用什么类型的后台数据库等。总体设计过程通常由两个主要阶段组成：① 系统设计阶段，确定系统的具体实现方案；② 结构设计阶段，确定软件结构。

典型的总体设计过程包括下述九个步骤。

1．设想供选择的方案

分析员根据需求分析阶段得出的数据流图，考虑各种可能的实现方案，并且力求从中选出最佳方案。常用的方法是：设想数据流图中处理的各种可能的分组方法，抛弃在技术上行不通的分组方法，余下的分组方法代表可能的实现策略。

2．选取合理的方案

分析员从供选择的方案中选取若干个合理的方案，通常至少选取低成本、中等成本和高成本的三种方案。在判断合理方案时应该考虑在问题定义和可行性研究阶段确定的工程规模和目标，有时可能还需要进一步征求用户的意见。

对每个合理的方案，分析员都应该准备 4 份资料：

(1) 系统流程图；

(2) 组成系统的物理元素清单；

(3) 成本/效益分析；

(4) 实现这个系统的进度计划。

3．推荐最佳方案

分析员应该综合分析对比各种合理方案的利弊，推荐一个最佳的方案，并且为推荐的方案制订详细的实现计划。

用户和有关技术专家应认真审查分析员所推荐的最佳系统，如果满足用户的需要，经使用部门审批之后，将进入下一阶段——结构设计。

4．功能分解

为实现目标系统，必须设计出组成系统的所有功能，以及程序和文件(或数据库)结构。对程序结构的设计，通常分为两个阶段完成：首先进行结构设计，然后进行过程设计。结构设计确定程序由哪些模块组成，以及模块间的关系；过程设计确定每个模块的处理过程。结构设计是总体设计阶段的任务，过程设计是详细设计阶段的任务。

为确定软件结构，首先需要把复杂的功能进一步分解。分解的依据是分析数据流图中的每个处理，如果一个处理的功能过于复杂，则把它的功能适当地分解成一系列比较简单的功能。

5．设计软件结构

软件结构是由模块组成的层次系统，可以用层次图或结构图来描绘。

在设计过程中，把系统模块组织成良好的层次系统，顶层模块调用它的下层模块，每个下层模块再调用更下层的模块，最下层的模块完成具体的功能。

如果数据流图已经细化到适当的层次，即模块已分解到适当程序时，则可以直接从数据流图映射出软件结构。

6. 设计数据库

分析员在需求分析阶段所确定的系统数据需求的基础上，进一步设计数据库。在数据库课程中已详细讲述了设计数据库的方法。

7. 制订测试计划

在开发的早期考虑测试问题，能促使设计人员在设计时注意提高软件的可测试性。

8. 书写文档

书写文档记录总体设计的结果，应该完成的文档通常有以下几种：

(1) 系统说明主要内容包括用系统流程图描绘的系统构成方案，组成系统的物理元素清单，成本/效益分析，对最佳方案的概括描述，精化的数据流图，用层次图或结构图描绘的软件结构，用 IPO 图或其他工具(例如 PDL 语言)简要描述的各个模块的算法，模块间的接口关系，以及需求、功能和模块三者之间的关系等。

(2) 用户手册根据总体设计阶段的结果，修改更正在需求分析阶段产生的初步的用户手册。

(3) 测试计划，包括测试策略、测试方案、预期的测试结果、测试进度计划等。

(4) 详细的实现计划。

(5) 数据库设计结果。

9. 审查和复审

分析员对总体设计的结果进行严格的技术审查，在技术审查通过之后再由用户从管理角度进行复审。

二、软件设计原理

1. 模块化

模块是数据说明，可执行语句等程序对象的集合，它是构成程序的基本构件。每个模块均有标识符标识。如过程、函数、子程序和宏等，都可作为模块。

模块化就是把程序划分成独立命名且可独立访问的模块，每个模块完成一个子功能，把若干模块构成一个整体，完成用户需求。

模块化的目的是使一个复杂的大型软件简单化。如果一个大型软件仅由一个模块组成，它将很难理解，因此，经过细分(模块化)之后，软件将变得容易理解，这符合人类解决问题的一般规律。

设函数 $C(x)$ 定义问题 x 的复杂程度，函数 $E(x)$ 确定解决问题 x 需要的工作量(时间)。对于两个问题 P1 和 P2，如果 $C(P1)>C(P2)$，显然 $E(P1)>E(P2)$。

根据经验，一个有趣的规律是 $C(P1+P2)>C(P1)+C(P2)$，即如果一个问题由 P1 和 P2 两个问题组合而成，那么它的复杂程度大于分别考虑每个问题时的复杂程度之和。

综上所述，得到结论 E(P1+P2)>E(P1)+E(P2)，这就是模块化的根据。

由上面的不等式还能得出下述结论：当模块数目增加时每个模块的规模将减小，开发单个模块需要的成本(工作量)确实减少了；但是，随着模块数目增加，设计模块间接口所需要的工作量也将增加。根据这两个因素，得出图 4-1 中的总成本曲线。

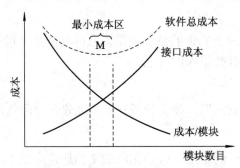

图 4-1　模块数目与成本的关系

每个程序都相应地有一个最适当的模块数目 M，使得系统的开发成本最小。虽然目前还不能精确地确定 M 的数值，但是在考虑模块化的时候总成本曲线确实是有用的指南。

2．抽象

抽象就是抽出事物的本质特性而暂时不考虑它们的细节，即提取共性、忽略差异。软件工程过程的每一步都是对软件解法的抽象层次的一次精化。对于复杂系统，抽象也是自顶向下，逐步细化的，即由高层到低层，直至可直接实现。

一般地，在可行性研究阶段，软件抽象为系统的一个完整部件；在需求分析期间，软件解法抽象为描述问题的数据流图、数据字典等；在总体设计阶段抽象为功能模块、软件结构等；在详细设计阶段抽象为算法流程、数据的物理结构等；在编码阶段抽象为程序代码。随着抽象的深入，抽象的程度也就随之减少了，最后，当源程序写出来以后，也就达到了抽象的最底层。

3．逐步求精

逐步求精是解决复杂问题时采用的基本方法，也是软件工程技术(如规格说明技术、设计和实现技术)的基础。它将现实问题经过几次抽象(细化)处理，最后到求解域中只是一些简单的算法描述和算法实现问题，即将系统功能按层次进行分解，每一层不断将功能细化，到最后一层都是功能单一、简单易实现的模块。求解过程可以划分为若干个阶段，在不同阶段采用不同的工具来描述问题。在每个阶段有不同的规则和标准，产生出不同阶段的文档资料。

逐步求精最初是由 Niklaus Wirth 提出的一种自顶向下的设计策略。按照这种设计策略，程序的体系结构是通过逐步精化处理过程的层次而设计出来的。通过逐步分解对功能的宏观陈述而开发出层次结构，直至最终得出用程序设计语言表达的程序。

4．信息隐藏和局部化

信息隐藏原理指出：在设计和确定模块时，使得一个模块内包含的信息(过程和数据)对于不需要这些信息的模块来说，是不能访问的，即模块内部的信息对于别的模块来说是隐藏的。信息隐蔽为软件系统的修改、测试及以后的维护带来好处。

局部化是指把关系密切的软件元素物理地放在一起，要求在划分模块时采用局部数据结构，使大多数过程和数据对软件的其他部分是隐藏的。局部化有助于实现信息隐藏。

以模块中的错误为例，假如模块内部信息是隐蔽的，则模块中存在的这个错误将比较难于扩散到其他模块。否则，系统可能因为一个小错误的扩散而使整个系统崩溃。实际上，信息隐蔽还使软件错误定位更加方便。由于软件出错位置容易发现，因此，整个软件纠错工作的效率、质量都会随之提高。

5．模块独立

模块独立性是指每个模块只完成系统要求的独立子功能，并且与其他模块的联系最少且接口简单。模块独立是模块化、抽象、信息隐藏和局部化概念的直接结果。

模块独立性之所以重要，主要原因有两方面：第一，有效的模块化(即具有独立的模块)的软件比较容易开发出来；第二，独立的模块比较容易测试和维护。

模块的独立程度可用两个定性标准度量：耦合和内聚。耦合衡量不同模块彼此间互相依赖(连接)的紧密程度；内聚衡量一个模块内部各个元素彼此结合的紧密程度。以下分别详细阐述。

1) 耦合

耦合是对一个软件结构内不同模块之间互连程度的度量。耦合强弱取决于模块间接口的复杂程度，进入或访问一个模块的点，以及通过接口的数据。

模块间的耦合程度强烈影响系统的可理解性、可测试性、可靠性和可维护性。

模块的耦合有六种类型(低→高)：无直接耦合、数据耦合、标记耦合、控制耦合、公共耦合和内容耦合。

(1) 无直接耦合：指两模块之间没有直接关系。

(2) 数据耦合：指两模块之间有调用关系，传递的是简单的数据值，相当于高级语言中的值传递。

(3) 标记耦合：指两模块之间传递的是数据结构。如高级语言中的数组名、记录名、文件名等即为标记，传递的是这个数据结构的地址。

(4) 控制耦合：指一个模块调用另一个模块时，传递的是控制变量(如开关、标志)。

(5) 公共耦合：指通过一个公共数据环境相互作用的模块间的耦合。公共数据环境可以是全程变量或数据结构，共享的通信区、内存、文件、物理设备等。

如果只有两个模块有公共环境，那么这种耦合有两种可能：

① 一个模块往公共环境送数据，另一个模块从公共环境取数据。这是数据耦合的一种形式，是比较松散的耦合。

② 两个模块既往公共环境送数据，又从公共环境取数据。这种耦合比较紧密，介于数据和控制耦合之间。

(6) 内容耦合：是最高程度的耦合，当一个模块直接使用另一个模块的内部数据或通过非正常的入口而转入另一模块内部或两模块间有一部分程序代码重叠(仅在汇编语言中)时，这就是内容耦合。

为了降低模块间的耦合度，可采取以下措施：

(1) 在耦合方式上降低模块间接口的复杂性，包括接口方式、接口信息的结构和数据。

(2) 在传递信息类型上尽量使用数据耦合，避免控制耦合，限制公共耦合，不使用内容耦合。

2) 内聚

内聚指模块功能强度的度量，即一个模块内部各个元素彼此结合的紧密程序的度量。一个模块内各元素(语句之间、程序段之间)联系得越紧密，则它的内聚性就越高。

内聚性也有六种类型(低→高)：偶然内聚、逻辑内聚、时间内聚、通信内聚、顺序内聚和功能内聚。

(1) 偶然内聚：指一个模块内的各处理元素之间没有任何联系，即使有联系也是非常松散的。

(2) 逻辑内聚：指模块内执行几个逻辑上相同或相似的功能，通过参数确定该模块完成哪一功能。

(3) 时间内聚：一个模块包含的任务必须在同一段时间内执行，就称时间内聚，如初始化一组变量，同时打开或关闭若干个文件等。

(4) 通信内聚：指模块内所有处理元素都在同一数据结构上操作，或指各处理使用相同的输入数据或产生相同的输出数据，如完成"建表"、"查表"等。

(5) 顺序内聚：指一个模块中各处理元素都密切相关于同一功能且必须顺序执行，前一功能元素的输出就是下一功能元素的输入。

(6) 功能内聚：指模块内所有元素共同完成一个功能，缺一不可，因此模块不可再分，如"打印日报表"。

耦合和内聚是模块独立性的两个定性标准，在软件系统划分模块时，尽量做到高内聚低耦合，提高模块的独立性。

6. 启发规则

启发规则是在开发软件过程中总结出来的原则，能帮助人们改进软件设计，提高软件质量。启发规则如下：

(1) 改进软件结构，提高模块独立性。设计出软件初步结构后，通过模块分解和合并，力求降低耦合提高内聚，如多个模块公有的一个子功能可独立成一个模块。

(2) 模块规模应该适中。一个模块的规模不过大，最好能在一页纸内写完(60 行语句左右)。

(3) 深度、宽度、扇出和扇入都应适当。

① 深度：软件结构中控制的层次。

② 宽度：软件结构中同一层上模块的最大数。

③ 扇出：一个模块直接调用(控制)的模块数目。平均扇出数通常是 3 个或 4 个。

④ 扇入：一个模块直接被调用(控制)的模块数目。扇入越大则共享该模块的上级模块数目越多，这是有好处的，但不能违背模块独立性原则。

图 4-2 所示模块示意图中，其深度为 5，宽度为 7，扇出数最大为 3，扇入数最大为 3(如模块 D 扇入数为 1)。

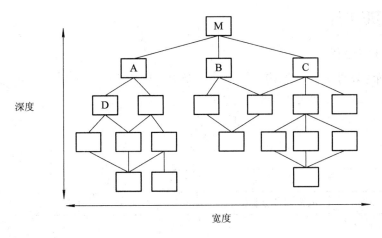

图 4-2 模块示意图

(4) 模块的作用域应该在控制域之内，模块作用域和控制域示意图如图 4-3 所示。

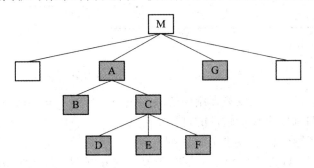

图 4-3 模块作用域和控制域示意图

模块的控制域：是模块本身以及所有直接或间接从属于它的模块的集合。模块 A 的控制域是 A、B、C、D、E、F 的集合。

模块的作用域：受该模块内一个判断影响的所有模块的集合。模块 A 内的判定就影响模块 G，则 A 的作用域是 A、G、B、C、D、E、F 集合。

修改软件结构可使作用域是控制域的子集，方法是：

① 把判定点往上移，如把判定从模块 A 移到模块 M 中。

② 把在作用域内但不在控制域内的模块移到控制域内，如把模块 G 移到模块 A 的下面，成为其直接的下级模块。

(5) 力争降低模块接口的复杂程度。模块接口复杂是软件发生错误的一个主要原因，应该仔细设计模块接口，使得信息传递简单并且和模块的功能一致。

(6) 设计单入口单出口的模块。设计单入口单出口的模块是结构化程序设计的需求，可增强系统的理解性和维护性。

(7) 模块功能应该可以预测。模块的功能应该能够预测，但也要防止模块功能过分局限。每一个模块实现的功能应该能够预测，也要防止模块功能过分局限。如果一个模块可以当做一个黑盒子，也就是说，只要输入的数据相同就产生同样的输出，这个模块的功能就是可以预测的。

三、总体设计图形工具

1. 层次图和 HIPO 图

层次图用来描绘软件的层次结构，图中的一个矩形框代表一个模块，方框间的连线表示调用关系。图 4-4 是正文加工系统的层次图。

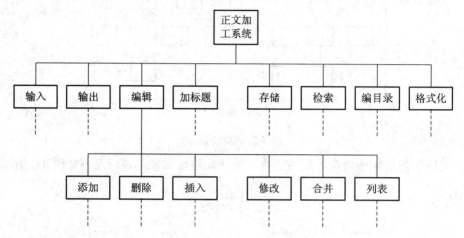

图 4-4　正文加工系统层次结构图

注意：层次方框图表示组成数据结构的层次关系，与层次图不同。

层次图适于在自顶向下设计软件的过程中使用。

HIPO 图是"层次图加输入/处理/输出图"。在 H 图(层次图)里除了最顶层的方框之外，每个方框都加了编号。H 图中的每个方框对应着一张 IPO 图(输入/处理/输出图)，用以描绘这个方框代表的模块的处理过程。图 4-5 是正文加工系统 HIPO 图。

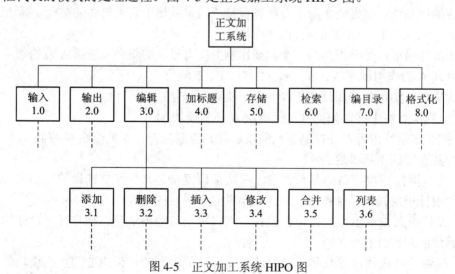

图 4-5　正文加工系统 HIPO 图

2. 结构图

结构图和层次图类似，也是描绘软件结构的图形工具，图中一个方框代表一个模块，框内注明模块的名字或主要功能，方框之间的箭头(或直线)表示模块的调用关系。

在结构图中通常还用带注释的箭头表示模块调用过程中来回传递的信息，尾部是空心圆表示传递的是数据，实心圆表示传递的是控制信息。图 4-6 是产生最佳解的结构图。

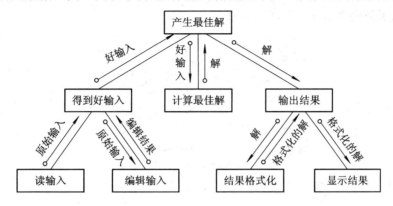

图 4-6 结构图的例子——产生最佳解系统的一般结构

通常用层次图作为描绘软件结构的文档。结构图作为文档并不很合适，因为图上包含的信息太多反而会降低清晰程度。

四、结构化设计技术

面向数据流的设计方法的目标是给出设计软件结构。在软件工程的需求分析阶段，通常用数据流图描绘信息在系统中加工和流动的情况。面向数据流的设计方法定义了一些不同的映射，利用这些映射可以把数据流图变换成软件结构。通常所说的结构化设计方法(SD方法)，也就是基于数据流的设计方法。

1．基本概念

面向数据流的设计方法把信息流映射成软件结构，信息流的类型决定了映射的方法。信息流有变换流和事务流两种类型。

1) 变换流

具有明显的输入、变换(或主加工)和输出界面的数据流称为变换流，如图 4-7 所示。

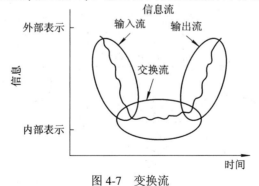

图 4-7 变换流

2) 事务流

数据沿输入通路到达一个处理 T，这个处理根据输入数据的类型在若干个动作序列中选出一个来执行，这类数据流称为事务流，如图 4-8 所示。它完成下述任务：

(1) 接收输入数据(输入数据又称为事务)；

(2) 分析每个事务以确定它的类型；

(3) 根据事务类型选取一条活动通路。

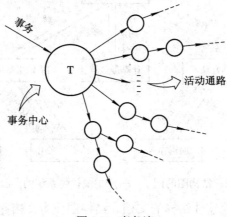

图 4-8　事务流

2. 设计过程

图 4-9 说明了使用面向数据流方法逐步设计的过程。应该注意，任何设计过程都不是机械的、一成不变的，设计需要判断力和创造精神。

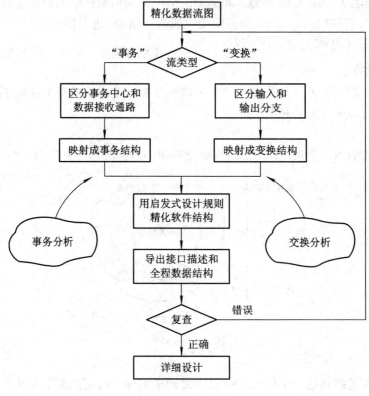

图 4-9　设计过程

3．变换分析设计

第1步：复查基本系统模型。

第2步：复查并精化数据流图。

第3步：确定数据流图具有变换特性还是事务特性。

第4步：确定输入流和输出流的边界，从而孤立出变换中心。

第5步：完成"第一级分解"。

第6步：完成"第二级分解"。

第7步：使用设计度量和启发式规则对第一次分割得到的软件结构进一步精化。

4．事务分析设计

事务分析设计的步骤和变换分析的设计步骤大部分相同或类似，主要差别在于数据流图到软件结构的映射方法不同。

事务流映射成软件结构包括一个接收分支和一个发送分支。映射出接收分支是从事务中心的边界开始，把沿着接收通路的处理映射成模块。发送分支的结构包括一个调度模块，它控制下层的所有活动模块，然后把数据流图中的每个活动通路映射成与它的流特征相对应的结构，如图4-10所示。

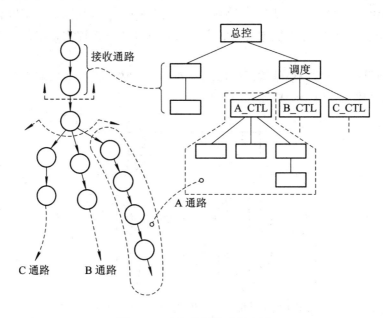

图 4-10 事务分析的映射方法

一般情况，如果数据不具有显著的事务特点，最好使用变换分析；反之，采用事务分析。

5．设计优化

(1) 对软件结构进行精化：使用尽可能少的模块。

(2) 对运行时间的优化：可在详细设计阶段、编写程序过程中进行。

优化方法遵循了一句格言："先使它能工作，然后再使它快起来。"

五、教务管理信息系统总体设计

1．软件结构设计

在对希望中学教务管理信息系统的分析阶段完成后，为了将系统分析阶段提出的系统的逻辑方案转换成可以实施的基于计算机和网络通信系统的物理方案，概要设计主要考虑的是实现这个系统/子系统应该设计几个功能模块，这些模块由哪些程序组成以及它们之间以什么方式链接在一起构成一个最好的系统机内结构。

系统设计阶段主要考虑的是计算机知识和应用软件开发经验。由系统的特性决定在系统设计过程中可以使用"自顶向下"的原则，将系统分为若干个模块之后，可以用结构图来表达这些模块之间的连接关系。

结构图中是用一个矩形来表示模块的，模块的名称写在矩形的里面，模块结构图是用图形的方法表示一个系统的输入、输出功能，以及系统模块层次。模块结构图主要包括两方面内容：

(1) 模块分层图：表示自顶向下分解所得系统的模块层次结构。

(2) IPO 图(输入—处理—输出图)：用此图描述一个模块的输入、处理和输出内容。

按照结构化设计方法，希望中学教务管理信息系统/子系统从功能上可以划分为教学安排管理、学生档案管理、教师档案管理、学生成绩管理、考核评定管理、系统维护等六大部分。

从数据流程图转换为模块结构图采用的是变换中心法。依据数据流程图的顶层图，转化得到系统的总体功能模块结构图如图 4-11 所示。

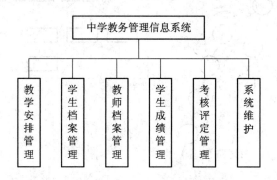

图 4-11　希望中学教务管理信息系统结构图

在划分完子系统后，要对相应的子系统的数据流图进行分析，对子系统进行进一步分解，这样不断地分解下去，直到分解成为含义明确、功能单一的单元功能模块，从而得到系统的功能模块结构图，即系统的 HIPO 图。

在分解 HIPO 图时，应采用自顶向下逐步扩展的方法，先分解综合性强、层次较少的模块结构，然后再根据需要一步一步扩充，因此，需要对第一轮的 HIPO 图进行分解，直到每个单元功能模块都能明确它的作用，如添加功能、查询功能等，从而得到教务管理系统的 HIPO 图，如图 4-12、图 4-13 所示。

希望中学教务管理信息系统
教学安排管理
学生档案管理
教师档案管理
学生成绩管理
考核评定管理
系统维护
课程安排
教学安排
查询
排课
教材信息查询
记录增加
记录删除
记录更新
学生基本情况查询
统计学生人数
记录增加
记录删除
记录更新
教师情况查询
成绩输入
补考成绩输入
成绩查询
成绩汇总分析
教师情况输入
教师教学情况输入
考核处理
文件打印
数据备份

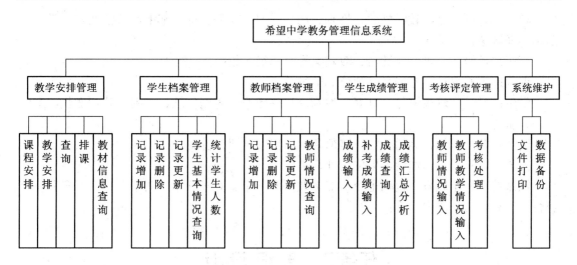

图 4-12 希望中学教务管理信息系统 HIPO 图

IPO图(顶层)
系统名：希望中学教务管理信息系统
制图者：周颖
模块名：教务管理系统
日期：2018/5
由下列模块调用：
调用下列模块：
教师档案管理、教学安排管理、学生成绩管理、学生档案管理、考评评定管理、系统维护
输入：
输出：
处理：
对于教师基本情况，调用教师档案管理模块
对于教工信息，调用教学安排管理模块
对于成绩信息，调用学生成绩管理模块
对于学生基本情况，调用学生档案管理模块
对于教师教学考核评定，调用考核评定管理模块
对于进行数据备份及文件打印，调用系统维护模块
内部数据元素：
备注：

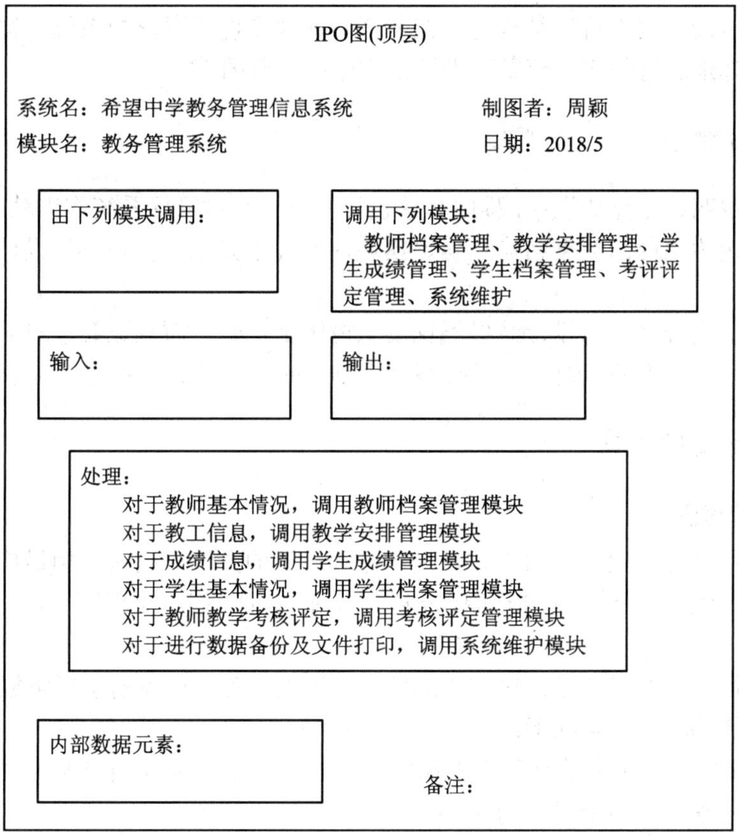

图 4-13 希望中学教务管理信息系统 HIPO 图(顶层)

2．数据库的概念设计

由需求分析阶段的 E-R 图得知，系统中涉及的实体有七个，其结构如下：

年级组：年级组名称、年级组组长姓名、年级组电话；

教师：教师工号、教师姓名、性别、出生年月、家庭住址、邮编、政治面貌、学历、职称、任教课程、备注；

班级：班级名、班主任姓名、教室编号、班级人数；

课程：课程编号、课程名、学分、学时；

学生：学号、班级编号、姓名、性别、出生年月、家庭住址、邮编、政治面貌、入学时间、备注；

奖惩：奖惩编号、奖惩标志、奖惩名称、奖惩日期、备注；

家长：家长姓名、称谓、单位地址、单位电话。

该系统有八个联系，包括七个一对多联系和一个多对多联系。其中一个多对多联系有属性，其属性为：成绩(分数)。

任务二　详 细 设 计

详细设计阶段的根本目标是确定应该怎样具体地实现所要求的系统。详细设计阶段的任务还不是具体地编写程序，而是要设计出程序的"蓝图"。

一、详细设计概述

详细设计也叫程序算法设计，程序算法设计的目标是对目标系统作出精确的设计描述，其内容包括确定模块内部数据结构和确定模块内部程序算法。程序算法设计结果将成为程序编码的依据。

需要注意的是程序算法设计结果不仅要求逻辑上正确，而且还要求对处理过程的设计尽可能简明易懂，以方便在对程序进行测试、维护时，程序具有可读性并容易理解。

二、详细设计图形工具

1．程序流程图

程序流程图又称为程序框图，它是描述过程设计的方法。它是使用最广泛，也是用得最混乱的一种方法。从 20 世纪 40 年代末到 70 年代中期，程序流程图一直是软件设计的主要工具。

程序流程图的主要优点是：对控制流程的描绘很直观，便于初学者掌握。

程序流程图的主要缺点如下：

(1) 程序流程图本质上不是逐步求精的好工具，它诱使程序员过早地考虑程序的控制流程，而不去考虑程序的全局结构。

(2) 程序流程图中用箭头代表控制流，因此程序员不受任何约束，可以完全不顾结构程序设计的精神，随意转移控制。

(3) 程序流程图不易表示数据结构。

2．盒图(N-S 图)

盒图是由 Nassi 和 Shneiderman 提出的，故又称为 N-S 图。它有下述特点：

(1) 功能域(即控制结构)明确,从盒图上一眼就能看出来。

(2) 不能任意转移控制。

(3) 很容易确定局部和全程数据的作用域。

(4) 很容易表现嵌套关系,也可以表示模块的层次结构。

图4-14给出了结构化控制结构的盒图表示,也给出了调用子程序的盒图表示方法。

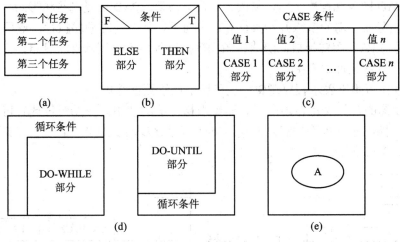

图 4-14 盒图组成

3. PAD 图

PAD即问题分析图(Problem Analysis Diagram),自1973年由日本日立公司发明以后,已得到一定程度的推广。它用二维树形结构的图来表示程序的控制流。图4-15给出了PAD图的基本符号。

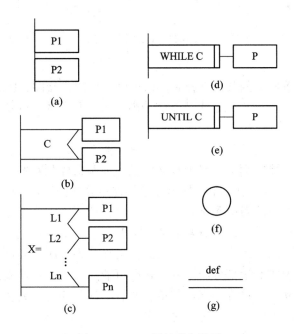

图 4-15 PAD 图的基本符号

PAD 图的主要优点如下：

(1) 使用 PAD 图设计出来的程序必然是结构化程序。

(2) PAD 图所描绘的程序结构十分清晰。图中 4-15 最左面的竖线是程序的主线，即第一层结构。随着程序层次的增加，PAD 图逐渐向右延伸，每增加一个层次，图形向右扩展一条竖线。PAD 图中竖线的总条数就是程序的层次数。

(3) 用 PAD 图表现程序逻辑，易读、易懂、易记。PAD 图是二维树形结构的图形，程序从图中最左竖线上端的节点开始执行，自上而下，从左向右顺序执行，遍历所有节点。

(4) 容易将 PAD 图转换成高级语言源程序，这种转换可用软件工具自动完成，有利于提高软件可靠性和软件生产率。

(5) PAD 图可用于表示程序逻辑，也可用于描绘数据结构。

(6) PAD 图的符号支持自顶向下、逐步求精方法的使用。开始时设计者可以定义一个抽象的程序，随着设计工作的深入而使用 def 符号逐步增加细节，直至完成详细设计，如图 4-16 所示。

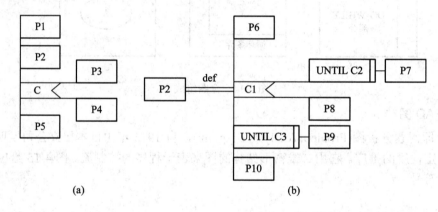

图 4-16　PAD 图实例

4．判定表

当算法中包含多重嵌套的条件选择时，用程序流程图、盒图、PAD 图或过程设计语言(PDL)都不易清楚地描述，然而判定表却能够清晰地表示复杂的条件组合与应做的动作之间的对应关系。

判定表是算法设计辅助工具，专门用于对复杂的条件组合关系及其对应的动作行为等给出更加清晰的说明，能够简洁而又无歧义地描述涉及条件判断的处理规则，并能够配合程序流程图、N-S 图、PAD 图或 PDL 伪码等进行程序算法描述。实际上，判定表并不是一种通用的设计工具，并不能对应到某种具体的程序设计语言上。但是，当程序算法中出现的多重嵌套中的条件选择时，往往需要用到判定表。

判定表一般由四个部分组成。其中，表的左上部分列出所有条件，表的左下部分是所有可能出现的动作，表的右上部分用于表示各种可能的条件组合，表的右下部分则是和每种条件组合相对应的动作。这样一来，判定表的右半部分的每一列实质上就构成了一条规则，它规定了与特定的条件组合相对应的动作。

下面以航空公司飞机票价计算规则为例说明判定表的使用方法。

假设该公司飞机票价计算规则是：国内乘客按规定票价计算，国外乘客按规定票价加倍计算。但中小学生凭学生证按规定票价半价优惠，70 岁以上老年乘客凭老年证或身份证按规定票价 8 折优惠，残疾人可根据残疾人证明按 8 折优惠。以上优惠可按最优折扣率计算，但不能重复计算。另外，身高不足 1 米的儿童可以免票。

该飞机票价计算问题的判定表如表 4-1 所列。其中，表中右上部分中的"T"表示它左边那个条件成立，"F"表示条件不成立，空白表示这个条件成立与否并不影响对动作的选择。表的右下部分中画"Y"的标记表示做它左边的那项动作，空白表示不做这项动作。

表 4-1　用判定表描述计算飞机票价的算法

国 内 乘 客		T	T	T	T	T	T	F	F	F	F	F	F
中小学生		F	F	T	T	F	F	F	F	T	T	F	F
老年人		F	F	F	F	T	T	F	F	F	F	T	T
残疾人		F	T	F	T	F	T	F	T	F	T	F	T
身高不足 1 米的儿童	T	F	F	F	F	F	F	F	F	F	F	F	F
免票	Y												
规定票价×0.5				Y	Y								
规定票价×0.8			Y			Y	Y						
规定票价		Y								Y	Y		
规定票价×1.6									Y			Y	Y
规定票价×2								Y					

5. 判定树

判定树是判定表的变种，能清晰地表示复杂的条件组合与应做的动作之间的对应关系。判定树的优点在于，它的形式简单到不需任何说明，一眼就可以看出其含义。图 4-17 是用判定树表示计算行李费的算法。

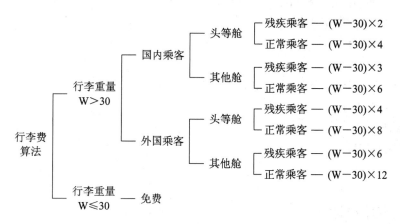

图 4-17　行李费的判定树

6. 过程设计语言(PDL)

PDL 也称伪码，是一种类程序设计语言。一方面，PDL 有严格的关键字外部语法，借用某种语言(如使用 PASCAL、C 语言)的语法控制框架，用于定义控制结构和数据结构；另一方面，PDL 使用某一自然语言的词汇，灵活自由地表示实际操作和判定条件，以适应各种工程项目的需要。

PDL 具有以下特点：

(1) 提供结构化控制结构、数据说明和模块化的特点；

(2) 自然语言的自由语法；

(3) 数据说明包括简单和复杂的数据结构；

(4) 提供模块定义和模块调用的各种接口描述模块。

PDL 具有以下优点：

(1) 可作为注释直接插在程序中间；

(2) PDL 的编辑和书写可用普遍的正文编辑程序或文字处理系统；

(3) PDL 可以经自动处理程序，生成程序源代码。

例如，某系统主控模块详细设计，可用 PDL 描述如下：

```
PROCEDURE  模块名()
    清屏;
    显示 XX 系统用户界面;
    PUT("请输入用户口令: ");
    GET(password);
    IF password<>系统口令
        提示警告信息;
        退出运行
    ENDIF
    显示系统主菜单;
    WHILE (true)
        接收用户选择 ABC;
        IF ABC="退出"
            break;
        ENDIF
        调用相应的下层模块完成用户选择功能;
    ENDWHILE;
    清屏;
    RETURN
EDN
```

三、结构化程序设计

结构程序设计的概念最早由 E.W.Dijkstra 提出。1965 年他在一次会议上指出："可以从高级语言中取消 GO TO 语句。"1966 年 Bohm 和 Jacopini 证明了，只用三种基本的控制结构就能实现任何单入口单出口的程序，即顺序、选择和循环(见图 4-18)。

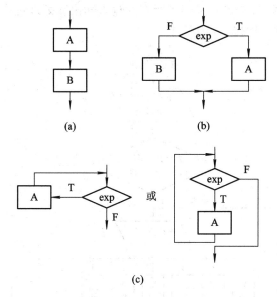

图 4-18　程序流程图的结构

结构化程序设计中通常还允许使用 DO-UNTIL 和 DO-CASE 两种控制结构，它们的流程图如图 4-19 所示。

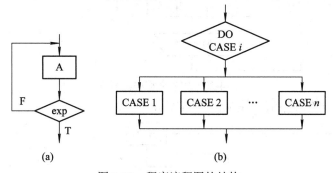

图 4-19　程序流程图的结构

使用结构程序设计的优点如下：

(1) 发出的程序结构层次清晰；

(2) 不使用 GOTO 语句，程序的静态和动态结构情况比较一致；

(3) 控制结构有确定的逻辑模式；

(4) 可重用的代码量大；

(5) 程序的逻辑结构清晰，有利于程序正确性证明。

四、教务管理信息系统详细设计

1. 程序流程图

为了简单明了地描述本系统的处理过程，采用了比较传统的程序流程图。这是一种早就使用的模式，用来描述程序执行的逻辑过程。按照程序流程图的方法，可以把系统的处理过程分为处理、判断、输入、输出、起始和终止等几个过程。

系统流程图主要用符号的形式描述了所有的输入输出和处理过程以及数据流向。

(1) 主界面操作流程图如图 4-20 所示。

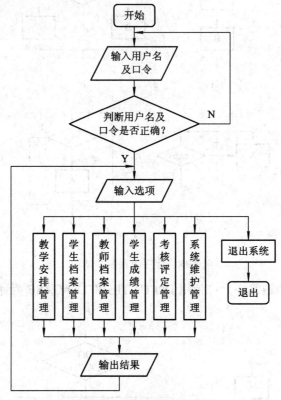

图 4-20　主界面程序流程图

(2) 教师情况查询程序流程图如图 4-21 所示。

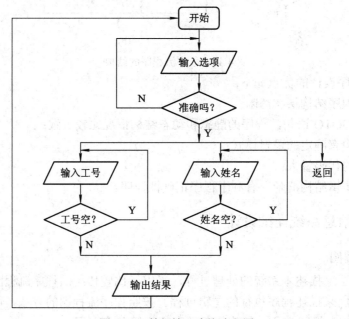

图 4-21　教师情况查询流程图

2．数据库的逻辑设计

E-R 模型所表示的全局概念结构，是对用户数据需求的一种抽象表示形式，它独立于任何一种数据模型。为了实现用户的需求，必须将概念结构进一步转化为与我们选用的具体机器上 DBMS 产品所支持的数据模型相符合的逻辑结构，这就是数据库逻辑设计的任务。

首先要实现的是 E-R 模型向关系模型的转换，将 E-R 模型转换为关系模型实际上就是要将实体、实体的属性和实体间的联系转换为关系模式的过程。

这种转换一般遵循如下规则：

(1) 对于实体类型的转换：将每个实体类型转换成一个关系模式，实体的属性为关系模式的属性，实体的码即为关系模式的码。

(2) 对于实体间联系的转换，根据三种不同情况作出不同的处理：

① 若实体间的联系是 1：1，可以在两个实体类型转换成的两个关系模式中的任意一个关系模式的属性中加入另一个关系模式的码和联系的属性。

② 若实体间的联系是 1：N，则在 N 端实体类型转换成的关系模式中加入 1 端实体类型转换成的关系模式的码和联系的属性。

③ 若实体间的联系是 N：M，则将联系类型也转换成关系模式，其属性为两端实体类型的码加上联系类型的属性，而关系的码则为两端实体的码的结合。

通过以上所述原则，由 E-R 图转换得到如下的关系模式(带实线的为主码，波浪线的为外部码)：

年级组 (年级组名称、年级组组长工号、年级组组长姓名、年级组电话)

教　师 (教师工号、年级组名称、教师姓名、性别、出生年月、家庭住址、邮编、政治面貌、学历、职称、任教课程、备注)

班　级 (班级名、班主任工号、班主任姓名、教室编号、班级人数)

课　程 (课程编号、课程名、学分、学时、教师工号、任课时间、总课时)

学　生 (学号、班级编号、姓名、性别、出生年月、家庭住址、邮编、政治面貌、入学时间、备注、班级编号、家长姓名)

奖　惩 (奖惩编号、奖惩标志、奖惩名称、奖惩日期、备注、学号)

家　长 (家长姓名、称谓、单位地址、单位电话、学号)

成　绩 (学号、课程编号、分数)

3．数据库的物理设计

教务管理系统中要涉及的关系如上所示，在对数据代码进行设计后，再按照数据字典中的数据元素说明确定每个数据项的类型和长度，从而使得每个关系对应一个数据表，同时在设计表时要注意文件的主码和外码。部分表格设计如表 4-2 至表 4-5 所示。

表 4-2　年级组对应数据表

名　称	类型	宽度	主键	外键
年级组名称	Char	10	Yes	
年级组组长工号	Numeric	4		Yes
年级组组长姓名	Char	10		
年级组电话	Numeric	8		

表 4-3 教师对应数据表

名　称	类型	宽度	主键	外键
教师工号	Numeric	4	Yes	
年级组名称	Char	10		Yes
教师姓名	Char	10		
性别	Char	2		
出生年月	Numeric	10		
家庭住址	Char	30		
邮编	Numeric	6		
政治面貌	Char	8		
学历	Char	8		
职称	Char	8		
任教课程	Char	10		
备注	Char	30		

表 4-4 班级对应数据表

名　称	类型	宽度	主键	外键
班级名	Char	10	Yes	
班主任工号	Numeric	4		Yes
班主任姓名	Char	10		
教室编号	Numeric	4		
班级人数	Numeric	4		

表 4-5 课程对应数据表

名　称	类型	宽度	主键	外键
课程编号	Numeric	4	Yes	
课程名	Char	10		
学分	Numeric	4		
学时	Numeric	4		
教师工号	Numeric	4		
任课时间	Numeric	4		
总课时	Numeric	4		

4．人机界面设计

所谓用户界面就是指软件系统与使用者交互的接口，通常包括输入、输出、人一机对话的界面与方式等。

用户界面设计的好坏将直接影响到整个软件系统的质量。人机界面的好坏涉及用户对软件系统的满意度，甚至影响到一个信息系统能否得到广大用户的认可。

由于教务管理信息系统面向的是教育方面的人员，他们对计算机系统或者 Visual

Foxpro 6.0 之类的开发软件不是很了解，因此，从实际条件和使用要求出发，本系统采用了比较简单的表单操作，并且在保证记录内容大体不变的前提下，尽量采取和手工表单格式一致的表单形式。界面中的操作步骤也尽量简化和集中，如图 4-22 所示。

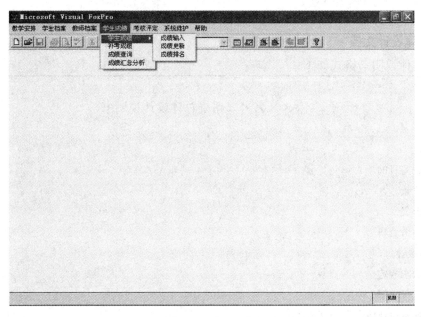

图 4-22　主界面图

在主界面中，通过点击菜单项来实现进入下一级功能模块，要退出则点击 ✕ 按钮来实现，如图 4-23 所示。

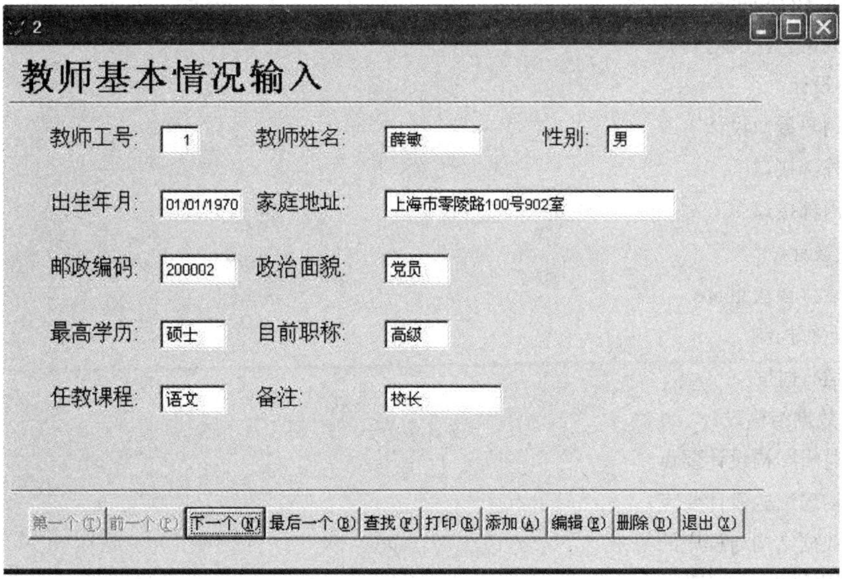

图 4-23　教师基本情况录入

该界面是将教师的个人信息资料输入计算机，可以单击"添加"按钮连续输入资料，也可以上、下翻动查询已输入的资料，如需退出可以按"退出"按钮来实现。在该界面中还可实现打印功能。

任务三　编 写 文 档

1. 总体设计文档

总体设计说明书格式如下：

×××××系统总体设计说明书

1. 引言

1.1　编写目的

1.2　背景

1.3　定义

1.4　参考资料

2. 总体设计

2.1　需求规定

2.2　运行环境

2.3　基本设计概念和处理流程

2.4　结构

2.5　功能需求与程序的关系

2.6　人工处理过程

2.7　尚未解决的问题

3. 接口设计

3.1　用户接口设计

3.2　外部接口

3.3　内部接口

4. 运行设计

4.1　运行模块组合

4.2　运行控制

4.3　运行时间

5. 系统数据结构设计

5.1　逻辑结构设计要点

5.2　物理结构设计要点

5.3　数据结构与程序的关系

6. 系统出错处理设计

6.1　出错信息

6.2　补救措施

6.3　系统维护设计

2．详细设计文档

详细设计说明书格式如下：

×××××系统详细设计说明书

1．引言

1.1 编写目的

1.2 背景

1.3 定义

1.4 参考资料

2．程序系统的结构

3．程序(标识符)设计说明

3.1 程序描述

3.2 功能

3.3 性能

3.4 输入项

3.5 输出项

3.6 算法

3.7 流程逻辑

3.8 接口

3.9 存储分配

3.10 注释设计

3.11 限制条件

3.12 测试计划

3.13 尚未解决的问题

❖❖❖❖❖ 习　　题 ❖❖❖❖❖

1．名词解释：

　总体设计　　详细设计　　软件结构图　　程序流程图　　耦合　　内聚

2．软件设计阶段的基本任务是什么？

3．结构化设计的描述工具有哪些？

4．总体设计说明书和详细设计说明书的内容有哪些？

项目五　软件实现

本项目主要介绍软件开发中实现阶段相关内容，包含将软件设计的结果转化为计算机可运行的程序代码的编码阶段及发现软件在整个软件设计过程中存在的问题并加以纠正的软件测试阶段。

(1) 认识软件编码的组成内容。
(2) 掌握统一、符合标准的编码规范。
(3) 理解软件测试基本理论。
(4) 掌握常见测试用例设计方法。

使用 Rational Rose 建模工具绘制详细类图，并能依据设计文档进行实际开发。

任务一　软件编码

编码就是把软件设计结果翻译成用某种程序设计语言书写的程序。编码是对设计的进一步具体化。编码过程中所选用的程序设计语言的特点及编码风格，将对程序的可靠性、可读性、可测试性和可维护性产生深远的影响。

软件测试是在软件投入生产性运行之前，运用科学的方法尽可能多地发现软件中存在的错误。它是保证软件质量的关键步骤，它是对软件规格说明、设计和编码的最后复审。通过测试发现错误并不是最终目的，还必须诊断并改正错误，这就是调试。调试是测试阶段最困难的工作。统计资料表明，软件测试的工作量往往占软件开发总工作量的 40% 以上，在极端情况，可能更多。因此，必须高度重视软件测试工作，绝不要以为写出程序之后软件开发工作就接近完成了。

通常把编码和测试统称为实现。

在计算机科学与技术学科中，程序设计语言是每一位希望步入这信息科学最主要的基础学科光辉殿堂的学生首先要学习的课程之一。伴随着计算机的产生和发展，程序设计语言也历经约半个世纪的沧桑岁月。自从 1957 年 FORTRAN 语言问世以来，人类已经创造了数以百计的各种各样的程序设计语言，它们又被笼统的称为计算机语言或者高级语言。在这些程序设计语言中，有些昙花一现，有些流传至今。如 C、C++、JAVA 等至今仍然被人们用于科学计算、商业服务、教学研究、网络应用等各个领域。

了解什么是程序设计语言，了解程序设计语言的各个发展阶段以及这些阶段又有那些代表性的程序设计语言，了解这些特定的程序设计语言的产生、发展历史和演变状况，这些对于学习程序设计语言来讲是非常必要的。

严格说来，计算机语言包括机器语言、汇编语言和高级语言这三类语言。如果不涉及汇编语言，程序设计语言往往就是指高级语言。从某种意义上将，计算机语言从机器语言发展到汇编语言，标志着人类与计算机首次有了基于符号共同的语言，即这种语言(汇编语言)是人类(借助助记符)和计算机(借助汇编程序)都能够理解的语言，它也是人类将符号引入程序设计的开始。由于汇编语言与机器的指令系统直接相关，不同指令系统的计算机有着不同的汇编语言，因此，在汇编语言中数据类型和数据结构具有典型的面向机器的特点。如：用 DB、DW、DD 等分别定义字节、字和双字，用标号来定义符号地址。汇编语言缺乏类似数学语言那样面向问题的数据类型，使得编程者要具备比较好的计算机硬件基础才能进行汇编语言程序设计，这无疑限制了计算机的广泛使用和发展。高级语言从产生之日起，就将面向问题的数据类型的概念引入程序设计，通过将数据分类成为字符型、整型、浮点型等不同的类型，来刻画、描述不同类型的数据。从某种意义上讲，从汇编语言到高级语言的发展过程，是人类在程序设计方面从面向机器的数据类型向面向问题的数据类型或从没有面向问题的数据类型向有面向问题的数据类型的一次飞跃。而高级语言产生、发展、演变，各种各样高级语言的兴起，实质上就是高级语言数据类型的不断完善、不断扩充、不断复杂化和多样化以及对客观实体描述能力不断增强的一个过程。

机器语言是机器指令的集合。机器指令指计算机的 CPU 能够识别并处理的二进制代码，由这些二进制代码组成的二进制代码串称为机器程序。以把立即数 5 传送到累加器的操作为例，在以 80X86 为 CPU 的计算机中的二进制代码是 B80005，在以 Z80 为 CPU 的计算机中的二进制代码是 3E05。

汇编语言是一种使用助记符的语言。助记符是一些缩写的英文单词，这些缩写的英文单词都有特定的操作含义，如 MOV 或 LD 表示传送、ADD 表示乘法运算等。因此，汇编语言是一种面向机器的计算机语言。用汇编语言编写的程序称为汇编语言程序或源程序。将汇编语言程序翻译成机器语言程序(也称为目标程序)的程序称为汇编程序。仍以把立即数 5 传送到累加器的操作为例：在以 80X86 为 CPU 的计算机中的汇编语言程序是：MOV AX，5。而在以 Z80 为 CPU 的计算机中的汇编语言程序是：LD A，5。

如果认为高级语言就是我们所要讨论的程序设计语言。那么，什么是程序设计语言？正如将物体向不同平面投影可以得到不同的平面图形一样，不同的人从不同的角度对程序设计语言有不同的理解。计算机的使用者认为程序设计语言是操纵计算机的工具，程序员则认为它是程序员之间的相互通信和交流的方法，喜欢数学和算法的人则认为它是算法的符号表示。按照 Ravi Sethi 的观点，一门通用的程序设计语言应该是能够为各种各样的用户都能提供服务的语言。尽管对程序设计语言的理解和定义多种多样，但是按照一般比较流行的观点，可以认为：程序设计语言是由一些符号所构成，这些符号被用于定义、组织、并完成各种各样的计算任务。

一、程序设计语言概述

什么是程序？什么是程序设计呢？程序是用程序设计语言表示的计算机解题算法或计算机解题任务。程序设计是将解题任务转变成程序的过程。Nell Dale 等人则指出：程序就是要求计算机执行的指令序列，程序设计就是如何计划、安排计算机必须遵循的操作步骤顺序的过程。

人类所使用的语言称为自然语言。它是以语音为物质外壳、以词汇为建筑材料、以语法为结构规律而构成的体系。与此类似，程序设计语言是以具有特定语义的符号为基本构成单位、以语法为程序构成规律、专门用于定义、组织、并完成各种各样的计算任务而形成的体系。程序设计语言是程序设计的基础，了解程序设计语言的特点、分类、选择原则，对于学习程序设计是非常必要的。

1. 程序设计语言的组成

程序设计语言的基本成分包含数据成分、运算成分、控制成分、函数。

数据成分是程序语言的数据类型。数据是程序操作的对象，包括常量和变量、全局量和局部量。数据类型有基本类型(如整型、字符型等)、特殊类型(如空类型)、构造类型(如数组、结构、联合)、指针类型等。

运算成分指明允许使用的运算符号及运算规则，一般包括算术运算、关系运算、逻辑运算。

控制成分指明语言允许表述的控制结构，包括顺序结构、选择结构和循环结构。参见教材中讲述的 C(C++)提供的控制语句。

函数是程序模块的主要成分，是一段具有独立功能的程序。函数的使用涉及 3 个概念：函数定义、函数声明和函数调用。函数调用时实参与形参之间交换信息的方法有传值调用和引用调用两种。

2. 程序设计语言的分类

程序设计语言是指用来书写计算机程序的语言，是人与计算机进行信息通信的工具。

程序设计语言目前多达上千种，常用的也有几十种。众多的程序设计语言如何进行分类，目前众说纷纭，多数人认为程序设计语言分为四大类：面向机器的语言、面向过程的语言、面向对象的语言和面向问题的语言。

1) 面向机器的语言

面向机器的语言是针对特定的计算机而设计的语言，是不能独立于机器的语言。如机器语言和汇编语言。

机器语言也称为低级语言，是用二进制代码表示的计算机能直接识别和执行的一种机器指令的集合。它是计算机的设计者通过计算机的硬件结构赋予计算机的操作功能。机器语言具有灵活、直接执行和速度快等特点。用机器语言编写程序，编程人员要首先熟记所用计算机的全部指令代码和代码的涵义。手编程序时，程序员得自己处理每条指令和每一数据的存储分配和输入输出，还得记住编程过程中每步所使用的工作单元处在何种状态。这是一项十分繁琐的工作。编写程序花费的时间往往是实际运行时间的几十倍或几百倍，而且，编出的程序全是些 0 和 1 的指令代码，直观性差，还容易出错。除了计算机生产厂家的专业人员外，绝大多数的程序员已经不再去学习机器语言了。

为了摆脱机器语言编程的困难，上世纪 50 年代初期，基于助记符的程序设计语言——汇编语言问世。程序员可以通过诸如 MOV、ADD、SUB 等以缩写英文单词为助记符方式来表示传送、加、减等操作。直到 1956 年 FORTRAN 问世以前，汇编语言是唯一的一种程序设计语言。在这个阶段，建立了程序设计中子程序以及早期数据结构方面的基础概念。汇编语言的实质和机器语言是相同的，都是直接对硬件操作，只不过指令采用了英文缩写的标识符，更容易识别和记忆。它同样需要编程者将每一步具体的操作用命令的形式写出来。汇编程序通常由三部分组成：指令、伪指令和宏指令。汇编程序的每一句指令只能对应实际操作过程中的一个很细微的动作，例如移动、自增，因此汇编源程序一般比较冗长、复杂、容易出错，而且使用汇编语言编程需要有更多的计算机专业知识，但汇编语言的优点也是显而易见的，用汇编语言所能完成的操作不是一般高级语言所能够实现的，而且源程序经汇编生成的可执行文件不仅比较小，而且执行速度很快。

2) 面向过程的语言

从 1956 年到 1984 年近 30 年间，面向过程的程序设计语言取得了巨大发展，它是当时程序设计的主要工具。面向过程的语言适用于各种计算机并能解决各种题目的语言，它是独立于机器的。使用面向过程的语言，用户不仅要告诉计算机“做什么”，而且还要告诉计算机“如何做”，需要详细地描述解题过程，因此称为面向过程的语言即为过程化语言。如 FORTRAN 语言、PASCAL 语言、C 语言、Ada 语言等。

Fortran 的全称是 Formula Translation，是一种编程语言。它是世界上最早出现的计算机高级程序设计语言，广泛应用于科学和工程计算领域。FORTRAN 语言接近数学公式的自然描述，在计算机里具有很高的执行效率，以其特有的功能在数值、科学和工程计算领域发挥着重要作用。

COBOL(Common Business Oriented Language)是数据处理领域最为广泛的程序设计语言，是第一个广泛使用的高级编程语言。在企业管理中，数值计算并不复杂，但数据处理信息量却很大。为专门解决企业管理问题，1959 年，由美国的一些计算机用户组织设计了专用于商务处理的计算机语言 COBOL，并于 1961 年由美国数据系统语言协会公布。经不断修改、丰富完善和标准化，目前 COBOL 已发展为多种版本。

Pascal 是一种计算机通用的高级程序设计语言。它由瑞士 Niklaus Wirth 教授于 60 年代末设计并创立。以法国数学家命名的 Pascal 语言现已成为使用最广泛的基于 DOS 的语言之一，其主要特点有：严格的结构化形式，丰富完备的数据类型，运行效率高，查错能力强。

C 语言是一种通用的、面向过程式的编程语言，广泛用于系统与应用软件的开发。1969 年至 1973 年间，为了移植与开发 UNIX 操作系统，由丹尼斯·里奇与肯·汤普逊，以 B 语言为基础，在贝尔实验室设计、开发出来。因为具有高效、灵活、功能丰富、表达力强和较高的可移植性等特点，在程序员中备受青睐，2000 年起成为使用最为广泛的编程语言。C 语言是结构式语言，其显著特点是代码及数据的分隔化，即程序的各个部分除了必要的信息交流外彼此独立。这种结构化方式可使程序层次清晰，便于使用、维护以及调试。C

语言是以函数形式提供给用户的，这些函数可方便的调用，并具有多种循环、条件语句控制程序流向，从而使程序完全结构化。C 语言的适用范围广泛，适合于多种操作系统，如 Windows、DOS、UNIX 等，也适用于多种机型。C 语言对编写需要进行硬件操作的场合，优于其他高级语言，有一些大型应用软件也是用 C 语言编写的。

Ada 是一种表现能力很强的通用程序设计语言，它是美国国防部为克服软件开发危机，耗费巨资，历时近 20 年研制成功的。它被誉为第四代计算机语言的成功代表。与其他流行的程序设计语言不同，它不仅体现了许多现代软件的开发原理，而且将这些原理付诸实现。因此，Ada 语言的使用可大大改善软件系统的清晰性、可靠性、有效性、可维护性。Ada 语言的重要特征就是其嵌入式风格、模块化设计、编译检查、平行处理、异常处理及泛型编程。Ada 在 1995 年加入了对面向对象设计的支持，包括动态分配等。

3) 面向对象的语言

从 1985 年至迄今，是面向对象的程序设计语言的产生和发展阶段。面向对象语言借鉴了 20 世纪 50 年代的人工智能语言 LISP，引入了动态绑定的概念和交互式开发环境的思想；始于 20 世纪 60 年代的离散事件模拟语言 SIMULA67，引入了类的要领和继承，其最终成形于 20 世纪 70 年代的 Smalltalk。面向对象语言的发展有两个方向：一种是纯面向对象语言，如 Smalltalk、EIFFEL、Java、C#等；另一种是混合型面向对象语言，即在过程式语言及其他语言中加入类、继承等成分，如 C++、Objective-C 等。

Java 是一种可以撰写跨平台应用软件的面向对象的程序设计语言，是由 Sun Microsystems 公司于 1995 年 5 月推出的 Java 程序设计语言和 Java 平台(即 JavaEE, JavaME, JavaSE)的总称。Java 自面世后就非常流行，发展迅速，对 C++语言形成了有力冲击。Java 技术具有卓越的通用性、高效性、平台移植性和安全性，广泛应用于个人 PC、数据中心、游戏控制台、科学超级计算机、移动电话和互联网，同时拥有全球最大的开发者专业社群。在全球云计算和移动互联网的产业环境下，Java 更具备了显著优势和广阔前景。Java 是一种简单的、跨平台的、面向对象的、分布式的、解释的、健壮的、安全的、结构的、中立的、可移植的、性能很优异的、多线程的、动态的语言。当 1995 年 SUN 推出 Java 语言之后，全世界的目光都被这个神奇的语言所吸引。

C++是在 C 语言的基础上开发的一种集面向对象编程、泛型编程和过程化编程于一体的编程语言。它应用较为广泛，是一种静态数据类型检查的，支持多重编程的通用程序设计语言。它支持过程化程序设计、数据抽象、面向对象设计、制作图标等多种程序设计风格。C++语言的主要特点表现在两个方面，一是尽量兼容 C，二是支持面向对象的方法。它保留了 C 的简洁、高效的接近汇编语言的特点，对 C 的类型系统进行了改革性的扩充，因此 C++比 C 更安全，C++的编译系统能检查出更多的类型错误。另外，由于 C 语言的广泛使用，因而极大地促进了 C++的普及和推广。

4) 面向问题的语言

面向问题的语言也是独立于计算机的语言，利用这种语言解题，不仅摆脱计算机内部逻辑，而且不必关心问题的解法和解题的过程，只需要指出问题、输入数据和输出形式，就能得到所需要的结果。面向问题的语言与面向过程的语言之间区别就是不需要要告诉计算机"如何做"，即不需要描述解题过程。因此，面向问题的语言又称为非过程化语言或陈述性语言，如报表语言、判定语言、SQL(Structured Query Language)语言等。

SQL 语言是数据库查询和操纵语言，可直接使用数据库管理系统。结构化查询语言是一种数据库查询和程序设计语言，用于存取数据以及查询、更新和管理关系数据库系统，同时也是数据库脚本文件的扩展名。结构化查询语言是高级的非过程化编程语言，允许用户在高层数据结构上工作，它不要求用户指定对数据的存放方法，也不需要用户了解具体的数据存放方式，所以具有完全不同底层结构的不同数据库系统，可以使用相同的结构化查询语言作为数据输入与管理的接口。结构化查询语言语句可以嵌套，这使它具有极大的灵活性和强大的功能。

3．程序设计语言的选择

选择程序设计语言是软件编码阶段必须考虑的一个关键问题。程序设计语言的选择需要根据组织和项目的实际情况做出选择，这里给出几个原则和依据：

(1) 系统的应用领域。

(2) 系统用户的要求。

(3) 软件的执行环境。

(4) 目标系统的性能要求。

(5) 程序员的知识水平。

(6) 软件的可移植性。

(7) 工程规模。

二、编码规范

编码规范是软件公司制订一套统一标准的代码编写规则，用于规范开发人员在软件编码中的代码编写。优秀的程序员在代码编写中应该注意执行编码规范。

编码规范的重要性包括：

(1) 促进团队合作。一个项目大多都是由一个团队来完成，如果没有统一的代码规范，那么每个人的代码必定会风格迥异。多个人同时开发同一模块，即使是分工十分明晰，整合代码的时候也会问题重重。大多数情况下，并非程序中有复杂的算法或是复杂的逻辑，而是不同人员的不同代码风格导致代码的可读性大大降低。统一的风格使得代码可读性大大提高了，人们看到任何一段代码都会觉得异常熟悉。显然地，规范的代码在团队的合作开发中是非常有益而且必要的。

(2) 降低维护成本。随着项目经验的累积，会越来越重视后期维护的成本，而开发过程中的代码质量直接影响着维护的成本，因此，我们不得不从开发时便小心翼翼。在上文中曾提到，规范的代码大大提高了程序的可读性，几乎所有的程序员都曾做过维护的工作，不用多说，可读性高的代码维护成本必然会大大降低。但是，维护工作不仅仅是读懂原有代码，而是需要在原有代码基础上作出修改，统一的风格有利于长期的维护。另外，好的代码规范会对方法的度量、类的度量以及程序耦合性作出约束，这样不会出现需要修改一个上千行的方法或者去扩展一个没有接口的类的情况。规范的代码对程序的扩展性提高，无疑也是对维护人员的极大便利。

(3) 有助于代码审查。代码审查可以及时纠正一些错误，而且可以对开发人员的代码规范作出监督，团队的代码审查同时也是一个很好的学习机会，对成员的进步也是很有益的。但是，开发随意的代码加重了代码审查的工作量及难度，并使得代码审查工作没有根据，浪费了大量的时间却收效甚微。代码规范不仅使得开发统一，减少审查难度，而且让代码审查有据可查，大大提高了审查效率和效果，同时代码审查也有助于代码规范的实施。

三、编码工具

编码工具是用于辅助程序员用某种程序设计语言编制源程序，并对源程序进行翻译，最终转换成可执行的代码的工具软件。

1. IDE 开发工具

IDE，即 Integrated Development Environment，是"集成开发环境"的英文缩写，可以辅助开发程序的应用软件，一般包括代码编辑器、编译器、调试器和图形用户界面工具，就是集成了代码编写功能、分析功能、编译功能、debug 功能等的开发软件套。所有具备这一特性的软件或者软件套(组)都可以叫做 IDE，如微软的 Visual Studio 系列，Borland 的 C++ Builder、Delphi 系列等。该程序可以独立运行，也可以和其他程序并用。例如，BASIC 语言在微软办公软件中可以单独使用，也可以在微软 Word 文档中编写 WordBasic 程序。IDE 为用户使用 VisualBasic、Java 和 PowerBuilder 等现代编程语言提供了方便。不同的技术体系有不同的 IDE。比如可以称为 C++、VB、C# 易语言等语言的集成开发环境，可以叫做 IDE。同样，Borland 的 JBuilder 也是一个 IDE，它是 Java 的 IDE。zendstudio、editplus、ultraedit 这些，每一个都具备基本的编码、调试功能，所以每一个都可以称作 IDE。

IDE 多被用于开发 HTML 应用软件。例如，许多人在设计网站时使用 IDE(如 HomeSite、DreamWeaver、FrontPage 等)，因此很多项任务会自动生成。IDE 集成代码编辑，代码生成，界面设计，调试，编译等功能，目前还融合了建模功能。

2. 配置管理工具

软件配置管理(Configuration Management)是通过技术或行政手段对软件产品及其开发过程和生命周期进行控制、规范的一系列措施。常用的配置管理工具有：VSS、SVN、Clearcase 等。

任务二　软　件　测　试

一、软件基础

1. 软件测试定义

观点一：

1972 年，软件测试领域先驱 Bill Hetzel 博士在美国的北卡罗来纳大学组织了历史上第一次正式的关于软件测试的会议。1973 年他首先给出软件测试的定义："测试就是建立一种信心，确信程序能够按预期的设想运行"。1983 年他又将软件测试的定义修改为："评价一个程序和系统的特性或能力，并确定它是否达到预期的结果。软件测试就是以此为目的的任何行为"。他定义中的"设想"和"预期结果"其实就是现在所说的"用户需求"。他把软件的质量定义为"符合要求"。他认为测试方法是试图验证软件是"工作的",所谓"工作的"就是指软件的功能是按照预先的设想执行的。

观点二：

与观点一相反，代表人物是 Glenford J.Myers。他认为应该首先认定软件是有错误的，然后用测试去发现尽可能多的错。除此之外，Myers 还给出了与测试相关的三个重要观点，如下：

(1) 测试是为了证明程序有错，而不是证明程序无错。

(2) 一个好的测试用例是在于它发现以前未能发现的错误。

(3) 一个成功的测试是发现了以前未发现的错误测试。

2．软件测试术语

软件测试环境：就是软件运行的平台，包括软件、硬件和网络的集合。用一个等式来表示：测试环境 = 软件 + 硬件 + 网络。其中，"硬件"主要包括 PC 机(包括品牌机和兼容机)、笔记本、服务器、各种 PDA 终端等；"软件"主要指软件运行的操作系统；"网络"主要针对的是 C/S 结构和 B/S 结构的软件。

软件缺陷(Bug)：软件的缺陷即 Bug 指的是软件中(包括程序和文档)不符合用户需求的问题。

测试用例(Test Case)：包含输入条件、执行步骤和测试期望的正确结果的文档。

缺陷跟踪系统(DTS)：管理软件缺陷的整个生命周期的工具。

静态测试与动态测试(Statistic Testing and Dynamic Testing)：不执行/执行程序进行的测试。

白盒测试与黑盒测试(White Box Testing and Black Box Testing)：测试软件代码结构的测试；不关心软件代码结构，以软件输入和输出来测试软件功能的测试。

回归测试与冒烟测试(Regression Testing and Smoke Testing)：在新的软件 Build 上验证修正的缺陷是否不再现；在大规模测试前，快速执行的基本功能测试。

软件里程碑(SW Milestone)：软件项目开发的各个关键过程。

3．软件测试目的与原则

1) 软件测试目的

(1) 寻找软件的缺陷；

(2) 跟踪修正软件缺陷；

(3) 验证修正的软件缺陷。

2) 软件测试的原则

(1) 尽早进行软件测试，以在早期发现和报告软件缺陷；

(2) 全程测试，测试过程贯穿于整个项目的生命周期；

(3) 测试独立于开发，开发人员不能测试自己的软件；

(4) 软件的缺陷驱动开发(基本代码完成后愈加明显)。

4．软件测试类型

按照比较的方式，一般把测试分为静态测试与动态测试，白盒测试与黑盒测试等。另外，常见的软件测试类型还有：

BVT(Build Verification Test，BVT)是在所有开发工程师都已经检入自己的代码、项目组编译生成当天的版本之后进行，主要目的是验证最新生成的软件版本在功能上是否完整，主要的软件特性是否正确。如无大的问题，就可以进行相应的功能测试。BVT 优点是时间短，验证了软件的基本功能；缺点是该种测试的覆盖率很低，因为运行时间短，不可能把所有的情况都测试到。

Scenario Tests(基于用户实际应用场景的测试)，在做 BVT、功能测试的时候，可能测试主要集中在某个模块，或比较分离的功能上。而当用户来使用这个应用程序的时候，各个模块是作为一个整体来使用的，那么在做测试的时候，就需要模仿用户真实的使用环境，即用户会有哪些用法，会用这个应用程序做哪些事情，操作会是一个怎样的流程。加了这些测试用例后，再与 BVT、功能测试配合，就能使软件整体都能符合用户使用的要求。Scenario Tests 优点是关注了用户的需求，缺点是有时候难以模仿用户真实的使用情况。

Smoke Test，在测试中发现问题，找到了一个 Bug，然后开发人员会来修复这个 Bug。这时想知道这次修复是否真的解决了程序的 Bug 或者是否会对其他模块造成影响，就需要针对此问题进行专门测试，这个过程就被称为 Smoke Test。在很多情况下，做 Smoke Test 是开发人员在试图解决一个问题的时候，可能是只集中考虑了一开始的那个问题，而忽略其他的问题，这就可能引起了新的 Bug，造成了其他功能模块一系列的连锁反应。Smoke Test 优点是节省测试时间，防止 build 失败；缺点是覆盖率还是比较低。

此外，常见的软件测试类型还包括：Application Compatibility Test(兼容性测试)，主要目的是为了兼容第三方软件，确保第三方软件能正常运行，用户不受影响；Accessibility Test(软件适用性测试)，是确保软件对于某些有残疾的人士也能正常的使用，但优先级比较低；其他的测试还有 Functional Test(功能测试)、Security Test(安全性测试)、Stress Test(压力测试)、Performance Test(性能测试)、Regression Test(回归测试)、Setup/Upgrade Test(安装升级测试)等。

1) 静态测试

静态测试包括代码检查、静态结构分析、代码质量度量等。它可以由人工进行，充分发挥人的逻辑思维优势，也可以借助软件工具自动进行。

(1) 代码检查：代码检查包括代码走查、桌面检查、代码审查等，主要检查代码和设计的一致性，代码对标准的遵循、可读性，代码的逻辑表达的正确性，代码结构的合理性等方面。通过代码检查，可以发现违背程序编写标准的问题，程序中不安全、不明确和模糊的部分，找出程序中不可移植部分、违背程序编写标准的问题，包括变量检查、命名和类型审查、程序逻辑审查、程序语法检查和程序结构检查等内容。

在实际使用中，代码检查比动态测试更有效率，能快速找到缺陷，发现 30%～70% 的逻辑设计和编码缺陷。代码检查看到的是问题本身而非征兆，但是代码检查非常耗费时间，而且代码检查需要知识和经验的积累。代码检查应在编译和动态测试之前进行，在检查前，应准备好需求描述文档、程序设计文档、程序的源代码清单、代码编码标准和代码缺陷检查表等。

(2) 静态结构分析：静态结构分析主要是以图形的方式表现程序的内部结构，例如函数调用关系图、函数内部控制流图。其中，函数调用关系图以直观的图形方式描述一个应用程序中各个函数的调用和被调用关系；控制流图显示一个函数的逻辑结构，它由许多节点组成，一个节点代表一条语句或数条语句，连接结点的叫边，边表示节点间的控制流向。

(3) 代码质量度量：ISO/IEC 9126 国际标准所定义的软件质量包括六个方面：功能性、可靠性、易用性、效率、可维护性和可移植性。软件的质量是软件属性的各种标准度量的组合。

针对软件的可维护性，目前业界主要存在三种度量参数：Line 复杂度、Halstead 复杂度和 McCabe 复杂度。其中 Line 复杂度以代码的行数作为计算的基准；Halstead 以程序中使用到的运算符与运算元数量作为计数目标(直接测量指标)，然后可以据此计算出程序容量、工作量等；McCabe 复杂度一般称为圈复杂度(Cyclomatic Complexity)，它将软件的流程图转化为有向图，然后以图论来衡量软件的质量；McCabe 复杂度包括圈复杂度、基本复杂度、模块设计复杂度、设计复杂度和集成复杂度。

静态测试的要点如下：

(1) 同一程序内的代码书写是否为同一风格；

(2) 代码布局是否合理、美观；

(3) 程序中函数、子程序块分界是否明显；

(4) 注释是否符合既定格式；

(5) 注释是否正确反映代码的功能；

(6) 变量定义是否正确(长度、类型、存储类型)；

(7) 是否引用了未初始化变量；

(8) 数组和字符串的下标是否为整数；

(9) 数组和字符串的下标是否在范围内(不"越界")；

(10) 进行数组的检索及其他操作中，是否会出现"漏掉一个这种情况"；

(11) 是否在应该使用常量的地方使用了变量(例：数组范围检查)；

(12) 是否为变量赋予不同类型的值的情况下，赋值是否符合数据类型的转换规则；

(13) 变量的命名是否相似；

(14) 是否存在声明过，但从未引用或者只引用过一次的变量；

(15) 在特定模块中所有的变量是否都显式声明过；

(16) 非(15)的情况下，是否可以理解为该变量具有更高的共享级别；

(17) 是否为引用的指针分配内存；

(18) 数据结构在函数和子程序中的引用是否明确定义了其结构；

(19) 计算中是否使用了不同数据类型的变量；

(20) 计算中是否使用了不同的数据类型相同但长度不同的变量；

(21) 赋值的目的变量是否小于赋值表达式的值；

(22) 数值计算是否会出现溢出(向上)的情况；

(23) 数值计算是否会出现溢出(向下)的情况；

(24) 除数是否可能为零；

(25) 某些计算是否会丢失计算精度；

(26) 变量的值是否超过有意义的值；

(27) 计算式的求值的顺序是否容易让人感到混乱；

(28) 比较是否正确；

(29) 是否存在分数和浮点数的比较；

(30) 如果(29)，精度问题是否会影响比较；

(31) 每一个逻辑表达式是否都得到了正确表达；

(32) 逻辑表达式的操作数是否均为逻辑值；

(33) 程序中的 Begin...End 和 Do...While 等语句中，End 是否对应；

(34) 程序、模块、子程序和循环是否能够终止；

(35) 是否存在永不执行的循环；

(36) 是否存在多循环一次或少循环一次的情况；

(37) 循环变量是否在循环内被错误地修改；

(38) 多分支选择中，索引变量是否能超过可能的分支数；

(39) 如果(38)，该情况是否能够得到正确处理；

(40) 子程序接受的参数类型、大小、次序是否和调用模块相匹配；

(41) 全局变量定义和用法在各个模块中是否一致；

(42) 是否修改了只作为输入用的参数；

(43) 常量是否被作为形式参数进行传递。

2) 动态测试

动态测试包括功能测试与接口测试、覆盖率分析、性能分析、内存分析等。

(1) 功能与接口测试：这部分的测试包括各个单元功能的正确执行、单元间的接口，包括单元接口、局部数据结构、重要的执行路径、错误处理的路径和影响上述几点的边界条件等内容。

(2) 覆盖率分析：覆盖率分析主要对代码的执行路径覆盖范围进行评估，语句覆盖、判定覆盖、条件覆盖、条件/判定覆盖、修正条件/判定覆盖、基本路径覆盖都是从不同要求出发，为设计测试用例提供依据的。

(3) 性能分析：代码运行缓慢是开发过程中一个重要问题。一个应用程序运行速度较慢，程序员不容易找到是在哪里出现了问题，如果不能解决应用程序的性能问题，将降低并极大地影响应用程序的质量，于是查找和修改性能瓶颈成为调整整个代码性能的关键。目前性能分析工具大致分为纯软件的测试工具、纯硬件的测试工具(如逻辑分析仪和仿真器等)和软硬件结合的测试工具三类。

(4) 内存分析：内存泄漏会导致系统运行的崩溃，尤其对于嵌入式系统这种资源比较匮乏、应用非常广泛，而且往往又处于重要部位的系统，将可能导致无法预料的重大损失。通过测量内存使用情况，可以了解程序内存分配的真实情况，发现对内存的不正常使用，在问题出现前发现征兆，在系统崩溃前发现内存泄露错误、发现内存分配错误，并精确显示发生错误时的上下文情况，指出发生错误的原由。

(5) 连接方式：在嵌入式软件测试中，测试系统 Host 与被测试系统 Target 的连接有两种方式：直接连接和通过仿真器连接。直接连接是 Host 与 Target 通过串口、并口或网口直接连接。

动态测试要点如下：

(1) 测试数据是否具有一定的代表性；

(2) 测试数据是否包含测试所用的各个等价类(边界条件、次边界条件、空白、无效);

(3) 是否可能从客户那边得到测试数据;

(4) 非(3)的情况下,所用的测试数据是否具有实际的意义;

(5) 是否每一组测试数据都得到了执行;

(6) 每一组测试数据的测试结果是否与预期结果一致;

(7) 文件的属性是否正确;

(8) 打开文件语句是否正确;

(9) 输入/输出语句是否与格式说明书所记述的一致;

(10) 缓冲区大小与记录长度是否匹配;

(11) 使用文件前是否已打开了文件;

(12) 文件结束条件是否存在;

(13) 产生输入/输出错误时,系统是否进行检测并处理;

(14) 输出信息中是否存在文字书写错误和语法错误;

(15) 控件尺寸是否大小适宜;

(16) 控件颜色是否符合规约;

(17) 控件布局是否合理、美观;

(18) 控件 TAB 顺序是否从左到右,从上到下;

(19) 数字输入框是否接受数字输入;

(20) 在(19)的情况下、数字是否按既定格式显示;

(21) 数字输入框是否拒绝字符串和"非法"数字的输入;

(22) 组合框是否的能够进行下拉选择;

(23) 组合框是否能够进行下拉多项选择;

(24) 对于可添加数据组合框,添加数据后数据是否能够得到正确显示和进行选择;

(25) 列表框是否能够进行选择;

(26) 多项列表框是否能够进行多数据项选择;

(27) 日期输入框是否接受正确的日期输入;

(28) 日期输入框是否拒绝错误的日期输入;

(29) 日期输入框在日期输入后是否按既定的日期格式显示日期;

(30) 单选组内是否有且只有一个单选钮可选;

(31) 如果单选组内无单选钮可选,这种情况是否允许存在;

(32) 复选框组内是否允许多个复选框(包括全部可选)可选;

(33) 如果复选框组内无复选框可选,这种情况是否允许存在;

(34) 文本框及某些控件拒绝输入和选择时显示区域是否变灰或按既定规约处理;

(35) 密码输入框是否按掩码的方式显示;

(36) Cancel 之类的按钮按下后,控件中的数据是否清空复原或按既定规约处理;

(37) Submit 之类的按钮按下后,数据是否得到提交或按既定规约处理;

(38) 异常信息表述是否正确;

(39) 软件是否按预期方式处理错误;

(40) 文件或外设不存在的情况下是否存在相应的错误处理;

(41) 软件是否严格的遵循外设的读写格式；

(42) 画面文字(全、半角、格式、拼写)是否正确；

(43) 产生的文件和数据表的格式是否正确；

(44) 产生的文件和数据表的计算结果是否正确；

(45) 打印的报表是否符合既定的格式；

(46) 错误日志的表述是否正确；

(47) 错误日志的格式是否正确。

3) 白盒测试

白盒测试是指在测试时能够了解被测对象的结构，可以查阅被测代码内容的测试工作。它需要知道程序内部的设计结构及具体的代码实现，并以此为基础来设计测试用例。如下例程序代码：

```
HRESULT Play( char* pszFileName )
{
    if ( NULL == pszFileName )
    return;
    if ( STATE_OPENED == currentState )
    {
      PlayTheFile();
    }
    return;
}
```

读了代码之后可以知道，先要检查一个字符串是否为空，然后再根据播放器当前的状态来执行相应的动作。可以这样设计一些测试用例：比如字符串(文件)为空的话会出现什么情况；如果此时播放器的状态是文件刚打开，会是什么情况；如果文件已经在播放，再调用这个函数会是什么情况。也就是说，根据播放器内部状态的不同，可以设计很多不同的测试用例，这些是在纯粹做黑盒测试时不一定能做到的事情。

白盒测试的直接好处就是知道所设计的测试用例在代码级上哪些地方被忽略掉，它的优点是帮助软件测试人员增大代码的覆盖率，提高代码的质量，发现代码中隐藏的问题。

白盒测试的缺点有：

(1) 程序运行会有很多不同的路径，不可能测试所有的运行路径；

(2) 测试基于代码，只能测试开发人员做的对不对，而不能知道设计的正确与否，可能会漏掉一些功能需求；

(3) 系统庞大时，测试开销会非常大。

4) 黑盒测试

黑盒测试顾名思义就是将被测系统看成一个黑盒，从外界取得输入，然后再输出。整个测试基于需求文档，看是否能满足需求文档中的所有要求。黑盒测试要求测试者在测试时不能使用与被测系统内部结构相关的知识或经验，它适用于对系统的功能进行测试。

黑盒测试的优点有：

(1) 比较简单，不需要了解程序内部的代码及实现；

(2) 与软件的内部实现无关;

(3) 从用户角度出发,能很容易的知道用户会用到哪些功能,会遇到哪些问题;

(4) 基于软件开发文档,所以也能知道软件实现了文档中的哪些功能;

(5) 在做软件自动化测试时较为方便。

黑盒测试的缺点有:

(1) 不可能覆盖所有的代码,覆盖率较低,大概只能达到总代码量的 30%;

(2) 自动化测试的复用性较低。

二、软件测试过程

1. 软件测试过程概述

软件测试过程是一种抽象的模型,用于定义软件测试的流程和方法。众所周知,开发过程的质量决定了软件的质量,同样的,测试过程的质量将直接影响测试结果的准确性和有效性。软件测试过程和软件开发过程一样,都遵循软件工程原理,遵循管理学原理。

随着测试过程管理的发展,软件测试专家通过实践总结出了很多很好的测试过程模型。这些模型将测试活动进行了抽象,并与开发活动进行了有机的结合,是测试过程管理的重要参考依据。

1) 测试过程管理理念

生命周期模型提供了软件测试的流程和方法,为测试过程管理提供了依据。但实际的测试工作是复杂而烦琐的,可能不会有哪种模型完全适用于某项测试工作。所以,应该从不同的模型中抽象出符合实际现状的测试过程管理理念,依据这些理念来策划测试过程,以不变应万变。当然测试管理牵涉的范围非常的广泛,包括过程定义、人力资源管理、风险管理等,本节仅介绍几条从过程模型中提炼出来的,对实际测试有指导意义的管理理念。

(1) 尽早测试。"尽早测试"是从 W 模型中抽象出来的理念。我们说测试并不是在代码编写完成之后才开展的工作,测试与开发是两个相互依存的并行过程,测试活动在开发活动的前期已经开展。

"尽早测试"包含两方面的含义:第一,测试人员早期即参与软件项目,及时开展测试的准备工作,包括编写测试计划、制定测试方案以及准备测试用例;第二,尽早地开展测试执行工作,一旦代码模块完成就应该及时开展单元测试,一旦代码模块被集成为相对独立的子系统,便可以开展集成测试,一旦有 Build 提交,便可以开展系统测试工作。

由于及早地开展了测试准备工作,测试人员能够于早期了解测试的难度、预测测试的风险,从而有效提高了测试效率,规避测试风险。由于及早地开展测试执行工作,测试人员可尽早发现软件缺陷,大大降低了 Bug 修复成本。但是需要注意,"尽早测试"并非盲目地提前测试活动,测试活动开展的前提是达到必需的测试就绪点。

(2) 全面测试。软件是程序、数据和文档的集合,那么对软件进行测试,就不仅仅是对程序的测试,还应包括软件"副产品"的"全面测试",这是 W 模型中一个重要的思想。需求文档、设计文档作为软件的阶段性产品,直接影响到软件的质量。阶段产品质量是软件质量的量的积累,不能把握这些阶段产品的质量将导致最终软件质量的不可控。

"全面测试"包含两层含义：第一，对软件的所有产品进行全面的测试，包括需求、设计文档，代码，用户文档等；第二，软件开发及测试人员(有时包括用户)全面地参与到测试工作中，例如对需求的验证和确认活动，就需要开发、测试及用户全面参与，毕竟测试活动并不仅仅是保证软件运行正确，同时还要保证软件满足了用户的需求。

"全面测试"有助于全方位把握软件质量，尽最大可能的排除造成软件质量问题的因素，从而保证软件满足质量需求。

(3) 全过程测试。在 W 模型中充分体现的另一个理念就是"全过程测试"。双 V 字过程图形象地表明了软件开发与软件测试的紧密结合，这就说明软件开发和测试过程会彼此影响，这就要求测试人员对开发和测试的全过程进行充分的关注。

"全过程测试"包含两层含义：第一，测试人员要充分关注开发过程，对开发过程的各种变化及时做出响应，例如开发进度的调整可能会引起测试进度及测试策略的调整，需求的变更会影响到测试的执行等；第二，测试人员要对测试的全过程进行全程的跟踪，例如建立完善的度量与分析机制，通过对自身过程的度量，及时了解过程信息，调整测试策略。

"全过程测试"有助于及时应对项目变化，降低测试风险。同时对测试过程的度量与分析也有助于把握测试过程，调整测试策略，便于测试过程的改进。

(4) 独立的、迭代的测试。我们知道，软件开发瀑布模型只是一种理想状况。为适应不同的需要，人们在软件开发过程中摸索出了如螺旋、迭代等诸多模型，这些模型中需求、设计、编码工作可能重叠并反复进行，这时的测试工作将也是迭代和反复的。如果不能将测试从开发中抽象出来进行管理，势必使测试管理陷入困境。

软件测试与软件开发是紧密结合的，但并不代表测试是依附于开发的一个过程，测试活动是独立的，这正是 H 模型所主导的思想。"独立的、迭代的测试"着重强调了测试的就绪点，也就是说，只要测试条件成熟，测试准备活动完成，测试的执行活动就可以开展。

所以，在遵循尽早测试、全面测试、全过程测试理念的同时，应当将测试过程从开发过程中适当的抽象出来，作为一个独立的过程进行管理，时刻把握独立的、迭代测试的理念，减小因开发模型的繁杂给测试管理工作带来的不便。对于软件过程中不同阶段的产品和不同的测试类型，只要测试准备工作就绪，就可以及时开展测试工作，把握产品质量。

2) 测试过程管理实践

本部分以一个实际项目系统测试过程(不对单元测试和集成测试过程进行分析)的几个关键过程管理行为为例，来阐述上文中提出的测试理念。在一个构件化 ERP 项目中，由于前期需求不明确，开发周期相对较长，为了对项目进行更好的跟踪和管理，项目采用增量和迭代模型进行开发。整个项目开发共分三个阶段完成：第一阶段实现进销存的简单的功能和工作流；第二阶段：实现固定资产管理、财务管理，并完善第一阶段的进销存功能；第三阶段：增加办公自动化的管理(OA)。该项目每一阶段工作是对上一阶段成果的一次迭代完善，同时将新功能进行了一次叠加。

(1) 策划测试过程。依据传统的方法，将系统测试作为软件开发的一个阶段，系统测试执行工作将在三个阶段完成后开展，很明显，这样做不利于 Bug 的及时暴露。有些缺陷可能会埋藏至后期发现，这时的修复成本将大大提高。我们依据"独立和迭代"的测试理念，在本系统中，对测试过程进行独立的策划，找出测试准备就绪点，在就绪点及时开展测试。

该系统的三个阶段具有相对的独立性，在每一阶段完成所提交的阶段产品具有相对的独立性，可以作为系统测试准备的就绪点。故而，在该系统开发过程中，系统测试组计划开展三阶段的系统测试，每个阶段系统测试具有不同的侧重点，目的在于更好的配合开发工作尽早发现软件 Bug，降低软件成本。软件开发与系统测试过程的关系如图 5-1 所示。

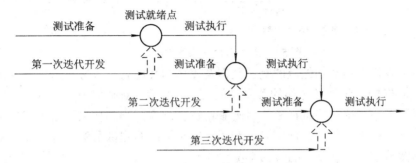

图 5-1 软件开发与系统测试关系图

实践证明，这种做法起到了预期的效果，与开发过程紧密结合而又相对独立的测试过程，有效地于早期发现了许多系统缺陷，降低了开发成本，同时也使基于复杂开发模型的测试管理工作更加清晰明了。

(2) 把握需求。在本系统开发过程中，需求的获取和完善贯穿每个阶段，对需求的把握很大程度上决定了软件测试是否能够成功。系统测试不仅需要确认软件是否正确实现功能，同时还要确认软件是否满足用户的需要。依据"尽早测试"和"全面测试"原则，在需求的获取阶段，测试人员参与到了对需求的讨论之中。测试人员与开发人员及用户一起讨论需求的完善性与正确性，同时从可测试性角度为需求文档提出建议。这些建议对开发人员来说，是从一个全新的思维角度提出的约束。同时，测试组结合前期对项目的把握，很容易制定出了完善的测试计划和方案，将各阶段产品的测试方法及进度、人员安排进行了策划，使整个项目的进展有条不紊。

实践证明，测试人员早期参与需求的获取和分析中，有助于加深测试人员对需求的把握和理解，同时也大大促进需求文档的质量。在需求人员把握需求的同时，于早期制定项目计划和方案，及早准备测试活动，大大提高了测试效率。

(3) 变更控制。变更控制体现的是"全过程测试"理念。在软件开发过程中，变更往往是不可避免的，变更也是造成软件风险的重要因素。在本系统测试中，仅第一阶段就发生了 7 次需求变更，调整了两次进度计划。依据"全过程测试"理念，测试组密切关注开发过程，跟随进度计划的变更调整测试策略，依据需求的变更及时补充和完善测试用例。由于充分的测试准备工作，在测试执行过程中，没有废弃一个测试用例，测试的进度并没有因为变更而受到过多影响。

(4) 度量与分析。对测试过程的度量与分析同样体现的"全过程测试"理念。对测试过程的度量有利于及时把握项目情况，对过程数据进行分析，很容易发现优势劣势，找出需要改进的地方，及时调整测试策略。

在 ERP 项目中，我们在测试过程中对不同阶段的 Bug 数量进行了度量，并分析测试执行是否充分。如图 5-2 所示，通过分析我们得出：相同时间间隔内发现的 Bug 数量呈收敛状态，测试是充分的。在 Bug 数量收敛的状态下结束细测是恰当的。

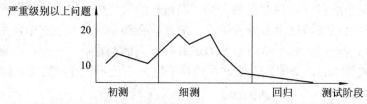

注：通过对每轮测试 Bug 数的度量和分析，可以判断出各阶段的测试是充分的

图 5-2　软件开发与系统测试关系图

测试中，我们对不同功能点的测试数据覆盖率和发现问题数进行度量，以便分析测试用例的充分度与 Bug 发现率之间的关系。如表 5-1 所示，对类似模块进行对比发现：某一功能点上所覆盖的测试数据组越多，用例 Bug 的发现率越高。如果再结合工作量、用例执行时间等因素进行统计分析，便可以找到适合实际情况的测试用例书写粒度，从而帮助测试人员判断测试成本和收益间的最佳平衡点。

表 5-1　测试数据覆盖率与 Bug 发现率对应表

模块名称	功能点数	测试数据数	测试数据覆盖率	Bug 的用例发现率()
模块 AA	6 个	75 组	12.5 组/每功能点	40%(6/15)
模块 BB	30 个	96 组	3.3 组/每功能点	17%(7/42)
模块 CC	15 个	87 组	5.1 组/每功能点	18%(5/28)
模块 DD	16 个	46 组	2.8 组/每功能点	23%(5/22)
…	…	…	…	…

注：通过统计可以得出测试数据与 Bug 发现率之间的关系，便于及时调整测试用例编写策略。

所有这些度量都是对测试全过程进行跟踪的结果，是及时调整测试策略的依据。对测试过程的度量与分析能有效地提高了测试效率，降低了测试风险。同时，度量与分析也是软件测试过程可持续改进的基础。

3) 测试过程可持续改进

测试技术发展到今天，已经存在诸多可供参考的测试过程管理思想和理念。但信息技术发展一日千里，新技术不断涌现，这就注定测试过程也需要不断地改进。我们提倡基于度量与分析的可持续过程改进方法(本文不做详细论述)。在这种方法中，对现状的度量被制度化，并作为过程改进的基础，组织可以自定义需要度量的过程数据，将收集来的数据加以分析，以找出需要改进的因素，在不断地改进中，同步地调整需要度量的过程数据，使度量与分析始终为了过程改进服务，而过程改进也包含对度量和分析的改进。

4) 软件测试过程模型

(1) V 模型。V 模型最早是由 Paul Rook 在 20 世纪 80 年代后期提出的，旨在改进软件开发的效率和效果。V 模型反映出了测试活动与分析设计活动的关系。在图 5-3 中，从左到右描述了基本的开发过程和测试行为，非常明确地标注了测试过程中存在的不同类型的测试，并且清楚地描述了这些测试阶段和开发过程期间各阶段的对应关系。

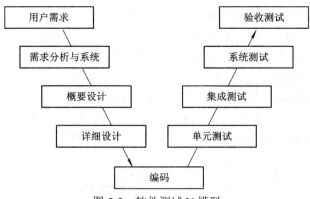

图 5-3 软件测试 V 模型

V 模型指出，单元和集成测试应检测程序的执行是否满足软件设计的要求；系统测试应检测系统功能、性能的质量特性是否达到系统要求的指标；验收测试确定软件的实现是否满足用户需要或合同的要求。

但 V 模型存在一定的局限性，它仅仅把测试作为在编码之后的一个阶段，是针对程序进行的寻找错误的活动，而忽视了测试活动对需求分析、系统设计等活动的验证和确认的功能。

(2) W 模型。W 模型由 Evolutif 公司提出，相对于 V 模型，W 模型增加了软件各开发阶段中应同步进行的验证和确认活动。如图 5-4 所示，W 模型由两个 V 字形模型组成，分别代表测试与开发过程，图中明确表示出了测试与开发的并行关系。

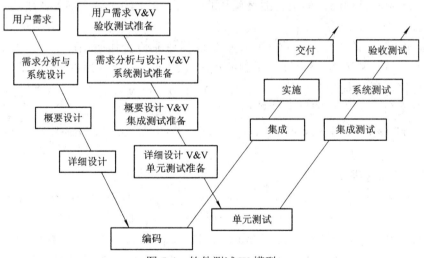

图 5-4 软件测试 W 模型

W 模型强调，测试伴随着整个软件开发周期，而且测试的对象不仅仅是程序，需求、设计等同样要测试，也就是说，测试与开发是同步进行的。W 模型有利于尽早地、全面地发现问题。例如，需求分析完成后，测试人员就应该参与到对需求的验证和确认活动中，以尽早地找出缺陷所在，同时，对需求的测试也有利于及时了解项目难度和测试风险，及早制定应对措施，这将显著减少总体测试时间，加快项目进度。

但 W 模型也存在局限性。在 W 模型中，需求、设计、编码等活动被视为串行的，同时，测试和开发活动也保持着一种线性的前后关系，上一阶段完全结束，才可正式开始下一个阶段工作。这样就无法支持迭代的开发模型。对于当前软件开发复杂多变的情况，W

模型并不能解除测试管理面临的困惑。

(3) H 模型。V 模型和 W 模型均存在一些不妥之处。如前所述，它们都把软件的开发视为需求、设计、编码等一系列串行的活动，而事实上，这些活动在大部分时间内是可以交叉进行的，所以，相应的测试之间也不存在严格的次序关系，同时，各层次的测试(单元测试、集成测试、系统测试等)也存在反复触发、迭代的关系。

为了解决以上问题，有专家提出了 H 模型。它将测试活动完全独立出来，形成了一个完全独立的流程，将测试准备活动和测试执行活动清晰地体现出来，如图 5-5 所示。

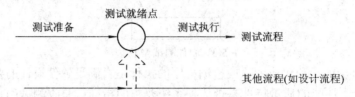

图 5-5　软件测试 H 模型

这个示意图仅仅演示了在整个生产周期中某个层次上的一次测试"微循环"。图中标注的其他流程可以是任意的开发流程，例如，设计流程或编码流程。也就是说，只要测试条件成熟了，测试准备活动完成了，测试执行活动就可以(或者说需要)进行了。

H 模型揭示了一个原理：软件测试是一个独立的流程，贯穿产品整个生命周期，与其他流程并发地进行。H 模型指出软件测试要尽早准备，尽早执行。不同的测试活动可以是按照某个次序先后进行的，但也可能是反复的，只要某个测试达到准备就绪点，测试执行活动就可以开展。

(4) 其他模型。除上述几种常见模型外，业界还流传着其他几种模型，例如 X 模型、前置测试模型等。X 模型提出针对单独的程序片段进行相互分离的编码和测试，此后通过频繁的交接，最终集成为可执行的程序。前置测试模型体现了开发与测试的结合，要求对每一个交付内容进行测试。这些模型都针对其他模型的缺点提出了一些修正意见，但本身也可能存在一些不足之处。所以在测试过程管理中，正确选取过程模型是一个关键问题。

2. 软件测试过程

如同任何产品离不开质量检验一样，软件测试是在软件投入运行前，对软件需求分析、设计规格说明和编码实现的最终审定，在软件生存期中占据着重要位置。

很显然，表现在程序中的故障，并不一定是由编码所引起的，很可能是详细设计、概要设计阶段，甚至是需求分析阶段的问题引起的，即使针对源程序进行测试，所发现故障的根源也可能存在于开发前期的各个阶段。解决问题、排除故障也必须追溯到前期的工作。

软件工程界普遍认为：在软件生存期的每一阶段都应进行评测，检验本阶段的工作是否达到了预期的目标，尽早地发现并消除故障，以免因故障延时扩散而导致后期的测试困难。由此可知，软件测试并不等于程序测试，软件测试应贯穿于软件定义与开发的整个期间。

软件开发是一个自顶向下逐步细化的过程。软件测试则是依相反的顺序自底向上逐步集成的过程。低一级的测试为高一级的测试准备条件。软件测试过程分为 4 个步骤，即单元测试、集成测试、确认测试和系统测试。

首先对每一个程序模块进行单元测试，以确保每个模块能正常工作。单元测试大多采用白盒测试方法，尽可能发现并消除模块内部在逻辑和功能上的故障及缺陷，然后，把已测试过的模块组装起来，形成一个完整的软件后进行集成测试，以检测和排除与软件设计相关的程序结构问题。集成测试大多采用黑盒测试方法来设计测试用例。确认测试以规格说明规定的需求为尺度，检验开发的软件能否满足所有的功能和性能要求。确认测试完成以后，给出的应该是合格的软件产品，但为了检验开发的软件是否能与系统的其他部分(如硬件、数据库及操作人员)协调工作，还需进行系统测试。

1) 单元测试

单元测试是在软件开发过程中进行的最低级别的测试活动，其测试的对象是软件设计的最小单位。在传统的结构化编程语言中(比如 C 语言)，单元测试的对象一般是函数或子过程。在像 C++这样的面向对象的语言中，单元测试的对象可以是类，也可以是类的成员函数。对 Ada 语言而言，单元测试可以在独立的过程和函数上进行，也可以在 Ada 包的级别上进行。单元测试的原则同样也可以扩展到第四代语言(4GL)中，这时单元被典型地定义为一个菜单或显示界面。

单元测试又称为模块测试。模块并没有严格的定义，不过按照一般的理解，模块应该具有以下的一些基本属性：

(1) 名字。

(2) 明确规定的功能。

(3) 内部使用的数据或称局部数据。

(4) 与其他模块或外界的数据联系。

(5) 实现其特定功能的算法。

(6) 可被其上层模块调用，也可调用其下属模块进行协同工作。

单元测试的目的是要检测程序模块中有无故障存在，也就是说，一开始并不是把程序作为一个整体来测试，而是首先集中注意力来测试程序中较小的结构块，以便发现并纠正模块内部的故障。单元测试还提供了同时测试多个模块的良机，从而在测试过程中引入了并行性。下面主要来说明单元测试的任务和过程。

在实际软件开发工作中，单元测试和代码编写所花费的精力大致相同。经验表明：单元测试可以发现很多的软件故障，并且修改它们的成本也很低。在软件开发的后期，发现并修复软件故障将变得更加困难，且将花费大量的时间和费用，因此，有效的单元测试是保证全局质量的一个重要部分。在经过单元测试后，系统集成过程将会大大地简化，开发人员可以将精力集中在单元之间的交互作用和全局的功能实现上，而不是陷入充满故障的单元之中不能自拔。

2) 集成测试

时常有这样的情况发生，每个模块都能单独工作，但将这些模块组装起来之后却不能正常工作。程序在某些局部反映不出的问题，很可能在全局上暴露出来，影响到功能的正常发挥，可能的原因有以下：

(1) 模块相互调用时引入了新的问题，例如数据可能丢失，一个模块对另一模块可能有不良的影响等。

(2) 几个子功能组合起来不能实现主功能。

(3) 误差不断积累达到不可接受的程度。

(4) 全局数据结构出现错误等。

因此，在每个模块完成单元测试以后，需要按照设计的程序结构图，将它们组合起来，进行集成测试。集成测试是按设计要求把通过单元测试的各个模块组装在一起，检测与接口有关的各种故障。那么，如何组织集成测试呢？是独立地测试程序的每个模块，然后再把它们组合成一个整体进行测试好呢？还是先把下一个待测模块组合到已经测试过的那些模块上去，再进行测试，逐步完成集成好呢？前一种方法称为非增式集成测试法，后一种方法叫做增式集成测试法。

3) 系统测试

软件只是计算机系统的一个重要组成部分，软件开发完成以后，还应与系统中其他部分联合起来，进行一系列系统集成和测试，以保证系统各组成部分能够协调地工作。这里所说的系统组成部分除软件外，还包括计算机硬件及相关的外围设备、数据及采集和传输机构、计算机系统操作人员等。系统测试实际上是针对系统中各个组成部分进行的综合性检验，很接近日常测试实践，例如，在购买二手车时要进行系统测试，在订购在线网络时要进行系统测试等。系统测试的目标不是要找出软件故障，而是要证明系统的性能，比如，确定系统是否满足其性能需求，确定系统的峰值负载条件及在此条件下程序能否在要求的时间间隔内处理要求的负载，确定系统使用资源(存储器、磁盘空间等)是否会超界，确定安装过程中是否会使用不正确的方式，确定系统或程序出现故障之后能否满足恢复性需求，确定系统是否满足可靠性要求等。

系统测试很困难，需要很多的创造性。那么，系统测试应该由谁来进行呢。可以肯定以下人员、机构不能进行系统测试。

(1) 系统开发人员不能进行系统测试。

(2) 系统开发组织不能负责系统测试。

之所以如此，第一个原因是，进行系统测试的人必须善于从用户的角度考虑问题，他最好能彻底了解用户的看法和使用环境，了解软件的使用，显然，最好的人选就是一个或多个用户。然而，一般的用户没有前面所说的各类测试的能力和专业知识，所以理想的系统测试小组应由这样一些人组成：几个职业的系统测试专家、一到两个用户代表、一到两个软件设计者或分析者等。第二个原因是系统测试没有清规戒律的约束，灵活性很强，而开发机构对自己程序的心理状态往往与这类测试活动不相适应，大部分开发软件机构最关心的是让系统测试能按时圆满地完成，并不真正想说明系统与其目标是否一致。一般认为：独立测试机构在测试过程中查错积极性高并且有解决问题的专业知识。

4) 验收测试

验收测试可以类比为建筑的使用者对建筑进行的检测。首先，他认为这个建筑是满足规定的工程质量的，这由建筑的质检人员来保证。使用者关注的重点是住在这个建筑中的感受，包括建筑的外观是否美观，各个房间的大小是否合适，窗户的位置是否合适，是否能够满足家庭的需要等。这里，建筑的使用者执行的就是验收测试。验收测试是将最终产品与最终用户的当前需求进行比较的过程，是软件开发结束后软件产品向用户交付之前进行的最后一次质量检验活动，它解决开发的软件产品是否符合预期的各项要求，用户是否接受等问题。验收测试不止检验软件某方面的质量，还要进行全面的质量检验并决定软件是否合格，因此，验收测试是一项严格的、正规的测试活动，应该在生产环境中而不是开发环境中进行。

验收测试的主要任务包括：

(1) 明确规定验收测试通过的标准。

(2) 确定验收测试方法。

(3) 确定验收测试的组织和可利用的资源。

(4) 确定测试结果的分析方法。

(5) 制定验收测试计划并进行评审。

(6) 设计验收测试的测试用例。

(7) 审查验收测试的准备工作。

(8) 执行验收测试。

(9) 分析测试结果，决定是否通过验收。

如果软件是按合同开发的，合同规定了验收标准，则验证测试由签订合同的用户进行。如果产品不是按合同开发的，开发组织可以采用其他形式的验收测试如 Alpha 测试和 Beta 测试。

Alpha 测试和 Beta 测试都是在指定的时间内以生产方式运行并操作软件。Alpha 测试一般在开发公司内由最终用户进行。被测试的软件由开发人员安排在可控的环境下进行检验并记录发现的故障和使用中的问题。Beta 测试则一般在开发公司之外，由经过挑选的真正用户群进行，它是在开发人员无法控制的环境下，对要交付的软件进行的实际应用性检验，在测试过程中用户要记录遇到的所有问题，并且定期向开发人员通报测试情况。Alpha 测试和 Beta 测试都要求仔细挑选用户，要求用户有使用产品的积极性，能提供良好的硬件和软件配置等。Alpha 测试和 Beta 测试可以分别用做验收测试，不过常常是两者同时都用，一般 Beta 测试在 Alpha 测试之后进行。

验收测试关系到软件产品的命运，因此应对软件产品做出负责任的、符合实际情况的客观评价。制定验收测试计划是做好验收测试的关键一步。验收测试计划应为验收测试的设计、执行、监督、检查和分析提供全面而充分的说明，规定验收测试的责任者、管理方式、评审机构及所用资源、进度安排、对测试数据的要求、所需的软件工具、人员培训以及其他的特殊要求等。总之，在进行验收测试时，应尽可能去掉一些人为的模拟条件，去掉一些开发者的主观因素，使得验收测试能够得出真实、客观的结论。

5) 回归测试

回归测试是指修改了旧代码后，重新进行测试以确认修改没有引入新的错误或导致其他代码产生错误。自动回归测试将大幅降低系统测试、维护升级等阶段的成本。

回归测试作为软件生命周期的一个组成部分，在整个软件测试过程中占有很大的工作量比重，软件开发的各个阶段都会进行多次回归测试。在渐进和快速迭代开发中，新版本的连续发布使回归测试进行的更加频繁，而在极端编程方法中，更是要求每天都进行若干次回归测试，因此，通过选择正确的回归测试策略来提升回归测试的效率和有效性是很有意义的。

三、软件测试技术

1．黑盒测试技术

目前黑盒测试的测试用例设计方法有五种：

(1) 等价类划分；

(2) 边界值分析；

(3) 错误推测法；

(4) 因果图；

(5) 功能图。

1) 等价类划分

等价类划分设计方法是把所有可能的输入数据，即程序的输入域划分成若干部分(子集)，然后从每一个子集中选取少量具有代表性的数据作为测试用例。

等价类是指某个输入域的子集合。在该子集合中，各个输入数据对于揭露程序中的错误都是等效的，并合理地假定：测试某等价类的代表值就等于对这一类其他值的测试。

等价类划分有两种不同的情况：有效等价类和无效等价类。设计时要同时考虑这两种等价类。

下面给出六条确定等价类的原则：

(1) 在输入条件规定了取值范围或值的个数的情况下，则可以确立一个有效等价类和两个无效等价类。

(2) 在输入条件规定了输入值的集合或者规定了"必须如何"的条件的情况下，则可以确立一个有效等价类和一个无效等价类。

(3) 在输入条件是一个布尔量的情况下，可以确立一个有效等价类和一个无效等价类。

(4) 在规定了输入数据的一组值(假定 n 个)，并且程序要对每一个输入值分别处理的情况下，可以确立 n 个有效等价类和一个无效等价类。

(5) 在规定了输入数据必须遵守的规则的情况下，可以确立一个有效等价类(符合规则)和若干个无效等价类(从不同角度违反规则)。

(6) 在确知已划分的等价类中各元素在程序处理中的方式不同的情况下，则应再将该等价类进一步的划分为更小的等价类。

在确立了等价类后，可建立等价类表，列出所有划分出的等价类。然后从划分出的等价类中按以下的 3 个原则设计测试用例：

(1) 为每一个等价类规定一个唯一的编号；

(2) 设计一个新的测试用例，使其尽可能多的覆盖尚未被覆盖的有效等价类，重复这一步，直到所有的有效等价类都被覆盖为止；

(3) 设计一个新的测试用例，使其仅覆盖一个尚未被覆盖的无效等价类，重复这一步，直到所有的无效等价类都被覆盖为止。

例：程序规定，输入三个整数作为三边的边长构成三角形。当此三角形为一般三角形、等腰三角形、等边三角形时，分别作计算。用等价类划分方法为该程序进行测试用例设计。

解：设 a、b、c 代表三角形的三条边。

(1) 分析题目中给出的和隐含的对输入条件的要求：

① 整数；

② 3 个数；

③ 非零数；

④ 正数；

⑤ 两边之和大于第三边；

⑥ 等腰；

⑦ 等边。

(2) 列出等价类表并编号，如表5-2所示。

表5-2 等 价 类 表

		有效等价类	编号			编号
输入条件	输入3个整数	整数	1	一边为非整数	a 为非整数	12
					b 为非整数	13
					c 为非整数	14
				两边为非整数	a、b 为非整数	15
					b、c 为非整数	16
					a、c 为非整数	17
				三边都为非整数		18
		3 个数	2	只给一边	只给 a	19
					只给 b	20
					只给 c	21
				只给两边	只给 a、b	22
					只给 b、c	23
					只给 a、c	24
				给出三个以上		25
		非零数	3	一边为零	a=0	26
					b=0	27
					c=0	28
				两边为零	a=b=0	29
					b=c=0	30
					a=c=0	31
				三边都为零 a=b=c=0		32
		正数	4	一边<0	a<0	33
					b<0	34
					c<0	35
				两边<0	a<0 且 b<0	36
					b<0 且 c<0	37
					a<0 且 c<0	38
				三边<0	a<0 且 b<0 且 c<0	39
	构成一般三角形	a+b>c	5	a+b<c		40
				a+b=c		41
		b+c>a	6	b+c<a		42
				b+c=a		43
		a+c>b	7	a+c<b		44
				a+c=b		45
	构成等腰三角形	a=b	8			
		b=c	9			
		A=c(且两边之和大于第三边)	10			
	构成等边三角形	a=b=c	11			

(3) 列出覆盖上述等价类的测试用例，如表 5-3 所示。

表 5-3　测 试 用 例 表

(a, b, c)	覆盖有效等价类编号	(a, b, c)	覆盖有效等价类编号
3, 4, 4	1-7	0, 4, 5	26
4, 4, 5	1-7, 8	3, 0, 5	27
4, 5, 5	1-7, 9	3, 4, 0	28
5, 4, 5	1-7, 10	0, 0, 5	29
4, 4, 5	1-7, 11	3, 0, 0	30
2.5, 4, 5	12	0, 4, 0	31
3, 4.5, 5	13	0, 0, 0	32
3, 4.5, 5	14	−3, 4, 5	33
3.5, 4.5, 5	15	3, −4, 5	34
3, 4.5, 5.5	16	3, 4, −5	35
3.5, 4, 5.5	17	−3, −4, 5	36
3.5, 4.5, 5.5	18	−3, 4, −5	37
3,　,	19	3, −4, −5	38
, 4,	20	−3, −4, −5	39
,　, 5	21	3, 1, 5	40
3,　4,	22	3, 2, 5	41
, 4,　5	23	3, 1, 1	42
3,　, 5	24	3, 2, 1	43
3, 4, 5,6	25	1, 4, 2	44
		3, 4, 1	45

2) 边界值分析法

使用边界值分析方法设计测试用例，首先应确定边界情况。通常输入和输出等价类的边界，就是应着重测试的边界情况；其次，应选取正好等于、刚刚大于或刚刚小于边界的值作为测试数据，而不是选取等价类中的典型值或任意值作为测试数据。

基于边界值分析方法选择测试用例的原则如下：

(1) 如果输入条件规定了值的范围，应取刚达到这个范围的边界值，以及刚刚超过这个范围边界的值作为测试输入的数据。

(2) 如果输入条件规定了值的个数，应用最大个数、最小个数、比最小个数少一、比最大个数多一的数作为测试输入的数据。

(3) 根据规格说明的每个输出条件，使用前面的原则(1)或(2)。

(4) 如果程序的规格说明给出的输入域或输出域是有序集合，则应选取集合的第一个元素和最后一个元素作为测试用例数据。

(5) 如果程序中使用了一个内部数据结构，应当选择这个内部数据结构边界上的值作为测试用例。

3) 错误推测法

错误推测法就是根据经验和直觉推测程序中所有可能存在的各种错误，从而有针对性地设计测试用例的方法。

基本思路：列举出程序中所出现可能出现的错误和容易发生错误的特殊情况，根据他们选择测试用例。

例：现有一个学生标准化考试批阅试卷、产生成绩报告的程序。其规格说明如下：程序的输入文件由一些有80个字符的记录组成，所有记录分为3组，如图5-6所示。

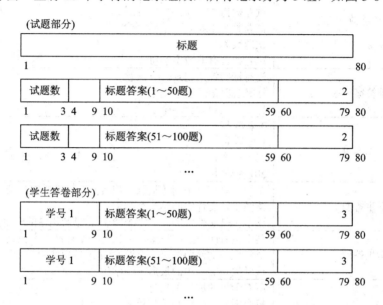

图5-6　程序输入文件示意图

标题：该组只有一个记录，其内容是成绩报告的名字。

各题的标准答案：每个记录均在第80个字符处标以数字2。该组的记录中，第一个记录第1～3个字符为试题数(1～999)。第10～59个字符是1～50题的标准答案(每个合法字符表示一个答案)；第二个记录是第51～100题的标准答案。

……

学生的答案：每个记录均在第80个字符处标以数字3。每个学生的答卷在若干个记录中给出。学号1～9个字符，1～50题的答案为10～59。当大于50题时，在第二、三、……个记录中给出。

学生人数不超过200，试题数不超过999。

程序的输出有4个报告：

(1) 按学号排列的成绩单，列出每个学生的成绩、名次。

(2) 按学生成绩排序的成绩单。

(3) 平均分数及标准偏差的报告。

(4) 试题分析报告，按试题号排序，列出各题学生答对的百分比。

解答一：采用边界值分析方法，分析和设计测试用例。分别考虑输入条件和输出条件，以及边界条件。表5-4列出了输入条件及相应的测试用例。

表 5-4 程序的输入条件及测试用例表

输 入 条 件	测 试 用 例
输入文件	空输入文字
标题	没有标题 标题只有一个字符 标题有 80 个字符
试题数	试题数为 1 试题数为 50 试题数为 51 试题数为 100 试题数为 0 试题数含有非数字字符
标准答案记录	没有标准答案记录，有标题 标准答案记录多于一个 标准答案记录少一个
学生人数	0 个学生 1 个学生 200 个学生 201 个学生
学生答题	某学生只有一个回答记录，但有两个标准答案记录 该学生是文件中的第一个学生 该学生是文件中的最后一个学生(记录数出错的学生)
学生答题	某学生有两个回答记录，但只有一个标准答案记录 该学生是文件中的第一个学生(记录数出错的学生) 该学生是文件中的最后一个学生
学生成绩	所有学生的成绩都相等 每个学生的成绩都不相等 部分学生的成绩相同 (检查是否能按成绩正确排名次) 有个学生 0 分 有个学生 100 分

表 5-5 为程序的输出条件及测试用例表。

表 5-5 程序的输出条件及测试用例表

输 出 条 件	测 试 用 例
输出报告 a、b	有个学生的学号最小(检查按序号排序是否正确) 有个学生的学号最大(检查按序号排序是否正确) 适当的学生人数，使产生的报告刚好满一页(检查打印页数) 学生人数比刚才多出 1 人(检查打印换页)
输出报告 c	平均成绩 100 平均成绩 0 标准偏差为最大值(有一半的 0 分，其他 100 分) 标准偏差为 0(所有成绩相等)
输出报告 d	所有学生都答对了第一题 所有学生都答对了第一题 所有学生都答对了最后一题 所有学生都答错了最后一题 选择适当的试题数，使第四个报告刚好打满一页 试题数比刚才多 1，使报告打满一页后，刚好剩下一题未打

解答二：采用错误推测法还可补充设计一些测试用例。

(1) 程序是否把空格作为回答；

(2) 在回答记录中混有标准答案记录；

(3) 除了标题记录外，还有一些的记录最后一个字符即不是 2 也不是 3；

(4) 有两个学生的学号相同；

(5) 试题数是负数。

4) 因果图法

因果图法是一种适合于描述对于多种条件的组合、相应产生多个动作的形式的测试用例设计方法。

利用因果图生成测试用例的基本步骤如下：

(1) 分析软件规格说明描述中哪些是原因，哪些是结果，并给每个原因和结果赋予一个标识符。

(2) 分析软件规格说明描述的语义。找出原因和结果之间、原因和原因之间的关系，根据这些关系，画出因果图。

(3) 在因果图上用一些记号标明约束或限制条件。

(4) 把因果图转换为判定表。

(5) 把判定表的每一列拿出来作为依据，设计测试用例。

例：第一列字符必须是 A 或 B，第二列字符必须是一个数字，在此情况下进行文件的修改，但如果第一列字符不正确，则给出信息 L；如果第二列字符不是数字，则给出信息 M。解答过程如下：

(1) 画出因果关系表和因果图，如表 5-6 及图 5-7 所示。

表 5-6　程序的因果关系表

编号	原因(条件)	编号	结果(动作)
1	第一列字符是 A	21	修改文件
2	第一列字符是 B	22	给出信息 L
3	第二列字符是一数字	23	给出信息 M
11	中间原因		

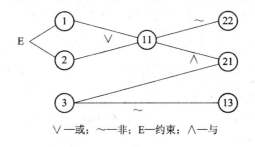

∨—或；～—非；E—约束；∧—与

图 5-7　因果关系图

(2) 根据因果图建立判定表。按条件的各种组合情况产生对应的动作。原因 1 和原因 2 不能同时成立，故可排除这种情况。

如表 5-7 所示，从判定表可设计出测试用例，六个测试用例是所需的数据。

表 5-7　程序的判定表

		1	2	3	4	5	6	7	8
条件 (原因)	1	1	1	1	1	0	0	0	0
	2	1	1	0	0	1	1	0	0
	3	1	0	1	0	1	0	1	0
动作 (结果)	11			1	1	1	1	0	0
	22			0	0	0	0	1	1
	21			1	0	1	0	0	0
	23			0	1	0	1	0	1
测试 用例				A3	AM	B5	BN	C2	DY
				A8	A?	B4	B!	X6	P;

2．白盒测试技术(单元测试技术)

单元测试的对象是软件设计的最小单位——模块。单元测试的依据是详细的描述，单元测试应对模块内所有重要的控制路径设计测试用例，以便发现模块内部的错误。单元测试多采用白盒测试技术，系统内多个模块可以并行地进行测试。

1) 单元测试任务

单元测试任务包括：模块接口测试；模块局部数据结构测试；模块边界条件测试；模块中所有独立执行通路测试；模块的各条错误处理通路测试。

模块接口测试是单元测试的基础，只有在数据能正确流入、流出模块的前提下，其他测试才有意义。测试接口正确与否应该考虑下列因素：

(1) 输入的实际参数与形式参数的个数是否相同；

(2) 输入的实际参数与形式参数的属性是否匹配；

(3) 输入的实际参数与形式参数的量纲是否一致；

(4) 调用其他模块时，所给实际参数的个数是否与被调模块的形式参数个数相同；

(5) 调用其他模块时，所给实际参数的属性是否与被调模块的形式参数属性匹配；

(6) 调用其他模块时，所给实际参数的量纲是否与被调模块的形式参数量纲一致；

(7) 调用预定义函数时，所用参数的个数、属性和次序是否正确；

(8) 是否存在与当前入口点无关的参数引用；

(9) 是否修改了只读型参数；

(10) 对全程变量的定义各模块是否一致；

(11) 是否把某些约束作为参数传递。

如果模块内包括外部输入输出，还应该考虑下列因素：

(1) 文件属性是否正确；

(2) OPEN/CLOSE 语句是否正确；

(3) 格式说明与输入输出语句是否匹配；

(4) 缓冲区大小与记录长度是否匹配；

(5) 文件使用前是否已经打开；

(6) 是否处理了文件尾；

(7) 是否处理了输入/输出错误；

(8) 输出信息中是否有文字性错误；

检查局部数据结构是为了保证临时存储在模块内的数据在程序执行过程中完整、正确。局部数据结构往往是错误的根源，应仔细设计测试用例，力求发现下面几类错误：

(1) 不合适或不相容的类型说明；

(2) 变量无初值；

(3) 变量初始化或省缺值有错；

(4) 不正确的变量名(拼错或不正确地截断)；

(5) 出现上溢、下溢和地址异常。

除了局部数据结构外，如果可能，单元测试时还应该查清全局数据(例如 FORTRAN 的公用区)对模块的影响。

在模块中应对每一条独立执行路径进行测试，单元测试的基本任务是保证模块中每条语句至少执行一次。此时设计测试用例是为了发现因错误计算、不正确的比较和不适当的控制流造成的错误，此时基本路径测试和循环测试是最常用且最有效的测试技术。计算中常见的错误包括：

(1) 误解或用错了算符优先级；

(2) 混合类型运算；

(3) 变量初值错；

(4) 精度不够；

(5) 表达式符号错。

比较判断与控制流常常紧密相关，测试用例还应致力于发现下列错误：

(1) 不同数据类型的对象之间进行比较；

(2) 错误地使用逻辑运算符或优先级；

(3) 因计算机表示的局限性，期望理论上相等而实际上不相等的两个量相等；

(4) 比较运算或变量出错；

(5) 循环终止条件或不可能出现；

(6) 迭代发散时不能退出；

(7) 错误地修改了循环变量。

一个好的设计应能预见各种出错条件，并预设各种出错处理通路，出错处理通路同样需要认真测试，测试应着重检查下列问题：

(1) 输出的出错信息难以理解；

(2) 记录的错误与实际遇到的错误不相符；

(3) 在程序自定义的出错处理段运行之前，系统已介入；

(4) 异常处理不当；

(5) 错误陈述中未能提供足够的定位出错信息。

边界条件测试是单元测试中最后也是最重要的一项任务。众所周知，软件经常在边界上失效，采用边界值分析技术，针对边界值及其左右设计测试用例，很有可能发现新的错误。

2) 单元测试过程

一般认为单元测试应紧接在编码之后，当源程序编制完成并通过复审和编译检查，便可开始单元测试。测试用例的设计应与复审工作相结合，根据设计信息选取测试数据，将增大发现上述各类错误的可能性。在确定测试用例的同时，应给出期望结果。

应为测试模块开发一个驱动模块(driver)和(或)若干个桩模块(stub)，图 5-8 显示了一般单元测试的环境。驱动模块在大多数场合称为"主程序"，它接收测试数据并将这些数据传递到被测试模块，被测试模块被调用后，"主程序"打印"进入-退出"消息。

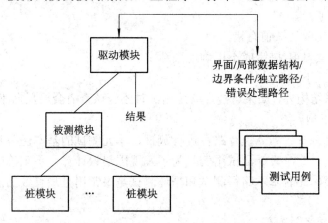

图 5-8　单元测试环境

驱动模块和桩模块是测试使用的软件，而不是软件产品的组成部分，但它需要一定的开发费用。若驱动和桩模块比较简单，实际开销相对低些。遗憾的是，仅用简单的驱动模块和桩模块不能完成某些模块的测试任务，这些模块的单元测试只能采用下面讨论的综合测试方法。

提高模块的内聚度可简化单元测试，如果每个模块只能完成一个，所需测试用例数目将显著减少，模块中的错误也更容易发现。

3) 白盒测试举例

(1) 白盒测试简介。白盒的测试用例需要做到：

① 保证一个模块中的所有独立路径至少被使用一次；

② 对所有逻辑值均需测试 true 和 false；

③ 在上下边界及可操作范围内运行所有循环；

④ 检查内部数据结构以确保其有效性。

白盒测试的目的：通过检查软件内部的逻辑结构，对软件中的逻辑路径进行覆盖测试；在程序不同地方设立检查点，检查程序的状态，以确定实际运行状态与预期状态是否一致。

白盒测试的特点：依据软件设计说明书进行测试，对程序内部细节的严密检验，针对特定条件设计测试用例，对软件的逻辑路径进行覆盖测试。

白盒测试的实施步骤：

① 测试计划阶段：根据需求说明书，制定测试进度；

② 测试设计阶段：依据程序设计说明书，按照一定规范化的方法进行软件结构划分和设计测试用例；

③ 测试执行阶段：输入测试用例，得到测试结果；

④ 测试总结阶段：对比测试的结果和代码的预期结果，分析错误原因，找到并解决错误。

白盒测试的方法总体上分为静态方法和动态方法两大类：

静态方法是一种不通过执行程序而进行测试的技术。静态方法的关键功能是检查软件的表示和描述是否一致、没有冲突或者没有歧义。

动态方法的主要特点是当软件系统在模拟的或真实的环境中执行之前、之中和之后，对软件系统行为的分析。动态方法包含了程序在受控的环境下使用特定的期望结果进行正式的运行。它显示了一个系统在检查状态下是正确还是不正确。在动态方法中，最重要的技术是路径和分支测试。下面要介绍的六种覆盖测试方法属于动态分析方法。

白盒测试的优点有以下：

① 迫使测试人员去仔细思考软件的实现；

② 可以检测代码中的每条分支和路径；

③ 揭示隐藏在代码中的错误；

④ 对代码的测试比较彻底；

⑤ 最优化。

白盒测试的缺点有以下：

① 昂贵；

② 无法检测代码中遗漏的路径和数据敏感性错误；

③ 不验证规格的正确性。

(2) 白盒测试六种覆盖方法。首先为了下文的举例描述方便，这里先给出一张程序流程图(见图 5-9)。

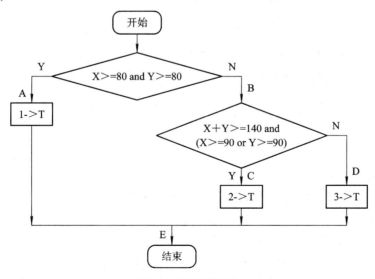

图 5-9　程序流程图

① 语句覆盖。

A. 主要特点：语句覆盖是最起码的结构覆盖要求，语句覆盖要求设计足够多的测试用例，使得程序中每条语句至少被执行一次。

B. 用例设计：如果此时将 A 路径上的语句"1→T"去掉，那么用例如表 5-8 所示。

表 5-8　程序的语句覆盖用例表

	X	Y	路径
1	50	50	OBDE
2	90	70	OBCE

a. 优点：可以很直观地从源代码得到测试用例，无须细分每条判定表达式。

b. 缺点：由于这种测试方法仅仅针对程序逻辑中显式存在的语句，但对于隐藏的条件和可能到达的隐式逻辑分支，是无法测试的。在本例中去掉了语句"1→T"，那么就少了一条测试路径。在 if 结构中若源代码没有给出 else 后面的执行分支，那么语句覆盖测试就不会考虑这种情况。但是不能排除这种以外的分支不会被执行，而这种错误会经常出现。再如，在 Do-While 结构中，语句覆盖执行其中某一个条件分支。那么显然，语句覆盖对于多分支的逻辑运算是无法全面反映的，它只在乎运行一次，而不考虑其他情况。

② 判定覆盖。

A. 主要特点：判定覆盖又称为分支覆盖，它要求设计足够多的测试用例，使得程序中每个判定至少有一次为真值，有一次为假值，即：程序中的每个分支至少执行一次，每个判断的取真、取假至少执行一次。

B. 用例设计：如表 5-9 所示。

表 5-9　程序的判定覆盖用例表

	X	Y	路径
1	90	90	OAE
2	50	50	OBDE
3	90	70	OBCE

a. 优点：判定覆盖比语句覆盖要多几乎一倍的测试路径，当然也就具有比语句覆盖更强的测试能力。同样判定覆盖也具有和语句覆盖一样的简单性，无须细分每个判定就可以得到测试用例。

b. 缺点：往往大部分的判定语句是由多个逻辑条件组合而成(如判定语句中包含 AND、OR、CASE)，若仅仅判断其整个最终结果，而忽略每个条件的取值情况，必然会遗漏部分测试路径。

③ 条件覆盖。

A. 主要特点：条件覆盖要求设计足够多的测试用例，使得判定中的每个条件获得各种可能的结果，即每个条件至少有一次为真值，有一次为假值。

B. 用例设计：如表 5-10 所示。

表 5-10　程序的条件覆盖用例表

	X	Y	路径
1	90	70	OBC
2	40		OBD

a. 优点：显然条件覆盖比判定覆盖，增加了对符合判定情况的测试，增加了测试路径。

b. 缺点：要达到条件覆盖，需要足够多的测试用例，但条件覆盖并不能保证判定覆盖。条件覆盖只能保证每个条件至少有一次为真，而不考虑所有的判定结果。

④ 判定/条件覆盖。

A. 主要特点：设计足够多的测试用例，使得判定中每个条件的所有可能结果至少出现一次，每个判定本身所有可能结果也至少出现一次。

B. 用例设计：如表 5-11 所示。

表 5-11 程序的判定/条件覆盖用例表

	X	Y	路径
1	90	90	OAE
2	50	50	OBDE
3	90	70	OBCE
4	70	90	OBCE

a. 优点：判定/条件覆盖满足判定覆盖准则和条件覆盖准则，弥补了二者的不足。

b. 缺点：判定/条件覆盖准则的缺点是未考虑条件的组合情况。

⑤ 组合覆盖。

A. 主要特点：要求设计足够多的测试用例，使得每个判定中条件结果的所有可能组合至少出现一次。

B. 用例设计：如表 5-12 所示。

表 5-12 程序的组合覆盖用例表

	X	Y	路径
1	90	90	OAE
2	90	70	OBCE
3	90	30	OBDE
4	70	90	OBCE
5	30	90	OBDE
6	70	70	OBDE
7	50	50	OBDE

a. 优点：多重条件覆盖准则满足判定覆盖、条件覆盖和判定/条件覆盖准则。更改的判定/条件覆盖要求设计足够多的测试用例，使得判定中每个条件的所有可能结果至少出现一次，每个判定本身的所有可能结果也至少出现一次。并且每个条件都显示能单独影响判定结果。

b. 缺点：线性地增加了测试用例的数量。

⑥ 路径覆盖。

A. 主要特点：设计足够的测试用例，覆盖程序中所有可能的路径。

B. 用例设计：如表 5-13 所示。

表 5-13　程序的路径覆盖用例表

	X	Y	路径
1	90	90	OAE
2	50	50	OBDE
3	90	70	OBCE
4	70	90	OBCE

a. 优点：这种测试方法可以对程序进行彻底的测试，比前面五种的覆盖面都广。

b. 缺点：由于路径覆盖需要对所有可能的路径进行测试(包括循环、条件组合、分支选择等)，那么就需要设计大量、复杂的测试用例，使得工作量呈指数级增长。而在有些情况下，一些执行路径是不可能被执行的，如：

　　If　(!A)　B++；

　　If　(!A)　D--；

这两个语句实际只包括了 2 条执行路径，即 A 为真或假时候对 B 和 D 的处理，真或假不可能都存在，而路径覆盖测试则认为是包含了真与假的 4 条执行路径。这样不仅降低了测试效率，而且大量的测试结果的累积，也为排错带来麻烦。

◆◆◆◆◆　习　　题　◆◆◆◆◆

1. 名词解释：

　　软件测试　　测试用例　　白盒测试　　黑盒测试

2. 软件测试阶段的基本任务是什么？

3. 简述软件的方法。

4. 黑盒测试技术有哪几种，并分别进行描述或举例。

5. 白盒测试技术有哪几种，并分别进行描述或举例。

项目六　软件交付与维护

项目引导

　　本项目主要介绍软件开发过程中核对用户需求、检验软件产品、面向客户实施应用的软件交付阶段，以及为了改正软件错误，或为了满足用户新的应用需要，而对软件进行改错、变更或进化的软件维护阶段的相关知识与技能。

知识目标

　　(1) 了解软件交付准则。
　　(2) 掌握软件交付过程中的对应文档。
　　(3) 理解软件维护的概念。
　　(4) 掌握软件维护变更过程。

能力目标

　　(1) 会编写软件交付对应文档。
　　(2) 会实施一般软件维护。

任务一　软件交付

一、软件交付准则

　　计算机软件的交付阶段是继计算机软件的需求、设计、编码、测试等阶段之后的一个核对用户需求、检验软件产品、面向客户实施应用的阶段。本阶段后期的工作主旨是通过对计算机软件产品客户方的安装、应用及维护，收集计算机软件产品运行期出现的问题，及时反馈用户的使用信息，并转化为计算机软件产品升级换代的重要性材料。

二、软件交付过程

1. 对计算机软件项目进行交付前的最终评审

　　这部分工作主要包括：

(1) 核对软件项目开发周期各阶段形成文档的完整性。这些阶段性文档包括：

① 需求阶段：《需求规格说明书》、《项目开发计划》、《可行性研究报告》、《产品设计说明书》、《产品发布计划》、《用户手册》、《操作手册》。

② 设计阶段：《概要设计说明书》、《数据字典》、《详细设计说明书》、《数据库设计说明书》、《测试计划》、《质量保证计划》、《质量配置方案》。

③ 编码阶段：《测试报告》。

④ 测试阶段：《测试报告》。

(2) 评审阶段性文档的真实性、有效性。各阶段文档应当反映出所处阶段的工作特点、待完成的工作指标和工作任务，应当符合软件生命周期各阶段的具体工作要求。

2. 对计算机软件项目进行交付阶段的最终评审

这部分工作主要包括：

(1) 评审最终产品是否符合需求阶段《需求规格说明书》对用户需求的定义。严格检查计算机软件在完成功能的形式上是否符合《需求规格说明书》中对计算机软件功能、内容的阐述。对于需求变更的部分，是否形成了变更部分的实时性说明书，并在《产品设计说明书》、《产品发布计划》、《用户手册》和《操作手册》中有所体现。对用户操作平台进行标准化评审，从设计标准、设计风格、操作风格等方面重点进行考核，并检查是否在《产品设计说明书》、《产品发布计划》、《用户手册》和 《操作手册》中有所体现。

(2) 评审最终产品在逻辑设计上是否完全覆盖了用户的需求。严格检查《概要设计说明书》、《数据字典》、《详细设计说明书》和《数据库说明书》中对各个功能模块的定义是否符合用户需求，各技术说明书之间是否严格按照阶段性划分对模块进行定义，彼此之间是否存在着功能调用上的联系；检查各模块所用到的系统级参数的传递定义是否完全符合用户需求。对于新功能的增加部分，要严格同《产品设计说明书》、《产品发布计划》、《用户手册》和《操作手册》进行比较，从模块定义、接口设计、数据及数据库定义等方面检查是否同以上文档的阐述内容相吻合。

(3) 评审最终产品在软件测试上是否完全覆盖了用户的操作需求。核对单元测试记录报告，检查模块测试接口覆盖率、错误测试覆盖率和代码覆盖率。核对集成测试记录报告，验收测试记录报告，并检查测试范围是否覆盖了用户的全部需求；对于增加部分的功能测试，要核对是否与技术文档(《概要设计说明书》、《数据字典》、《详细设计说明书》和《数据库说明书》)和非技术文档(《产品设计说明书》、《产品发布计划》、《用户手册》和《操作手册》)相应部分的说明吻合。

(4) 安排、评审最终产品后期维护的准备工作。

任务二　软件维护

一、软件维护的概念

1. 软件维护定义

软件维护(Software Maintenance)是一个软件工程名词，是指在软件产品发布后，因修正错误、提升性能或其他属性而进行的软件修改。软件维护主要是指根据需求变化或硬件环境的变化对应用程序进行部分或全部的修改，修改时应充分利用源程序。修改后要填写《程序修改登记表》，并在《程序变更通知书》上写明新旧程序的不同之处。

一般认为，软件维护就是在软件运行维护阶段，为了改正软件错误，或为了满足用户新的应用需要，而对软件进行改错、变更或进化的过程。

具体地说，软件维护涉及以下几个方面的任务。

(1) 改正性维护：由于软件测试技术的限制，已投入使用的软件必然会有一些隐藏的错误或缺陷，这些隐藏下来的错误或缺陷，在某些特定的使用环境下可能会暴露出来，并有可能影响到软件的正常使用。因此，软件技术人员需要对暴露出来的软件错误进行诊断，并设法改正这个错误。这个诊断与改正错误的过程，就叫做改正性维护。

(2) 适应性维护：随着计算机技术的飞速发展，软件的工作环境，例如硬件设备、软件配置、数据环境、网络环境等都有可能发生变化，为了使软件适应这种变化，往往需要对软件进行改造。这个为使软件适应新的工作环境而对软件进行改造的过程，就叫做适应性维护。

(3) 完善性维护：在软件使用过程中，用户难免会对软件提出一些新的与完善软件有关的要求，例如，要求增加一些新的功能，要求对系统原有的功能关系做一些调整，要求提高数据检索速度，要求操作界面更加人性化等，为了满足这些要求，就必须对软件进行改造，以使软件在功能、性能、界面等方面有所进化，由于这些原因而对软件进行的维护活动，就叫做完善性维护。

(4) 预防性维护：预防性维护是为了改进应用软件的可靠性和可维护性，适应未来的软硬件环境的变化，而主动增加预防性的新功能，以使应用系统适应各类变化而不被淘汰。例如将专用报表功能改成通用报表生成功能，以适应将来报表格式的变化。这方面的维护工作量占整个维护工作量的 4%左右。

大多数软件维护活动的表现是：在软件运行阶段初期，改正性维护的工作量较大，而随着软件错误发现率的降低，软件系统的工作逐步趋于稳定，改正性维护也就由此下降。然而，随着软件使用时间的增加，用户新的需求意愿会逐渐形成并提出，于是软件适应性维护和完善性维护的工作量就会逐步增加。预防性维护是为了使软件具有更好的可维护性、可靠性，或为了今后软件进化的便利而进行的一系列与维护有关的准备性工作。有关统计数据表明，在上述几种维护活动中，完善性维护所占的比重最大，约占整个维护工作的 50%以上。也就是说，大部分的软件维护工作是扩充功能、提高性能，而不是改正错误，预防性维护则只占很小的比例。

2．影响维护工作的因素

有关统计数据显示，软件维护活动所消耗的工作量占整个软件生存期工作量的 70%以上。许多软件开发机构就因为软件维护工作量巨大而导致新的软件项目不能承接，新的软件产品不能及时开发。软件维护需要消耗这么大的工作量，其原因是什么呢？

有关研究表明，影响软件维护工作量的原因，归纳起来主要有以下几个方面：

(1) 系统大小：软件系统越大，其执行功能越复杂，理解掌握起来越困难，因而需要更多的维护工作量。

(2) 程序设计语言：许多软件是用较老的程序设计语言编写的，程序逻辑复杂、混乱，而且没有做到模块化和结构化，直接影响到程序的可读性与可维护性。

(3) 系统文档：一些系统在开发时并没有考虑到将来维护的便利，而且没有按照软件工程的要求进行开发，因而没有文档，或文档太少，或在长期的维护过程中文档在许多地方与程序实现变得不一致，这样在维护时就会遇到很大困难。

(4) 系统年龄：老系统比新系统需要更多的维护工作量。随着不断的修改，老系统结构变得越来越乱，由于系统维护人员经常更换，程序变得越来越难于理解。

(5) 其他因素：包括应用的类型、数学模型、任务的难度、开关与标记、IF 嵌套深度、索引或下标数等，它们都会给维护工作带来影响。

3. 非结构化与结构化维护

1) 非结构化维护

非结构化维护往往与早期软件非工程化开发有关系，是软件开发过程中没有按照软件工程原则实施软件开发的后遗症。

许多早期软件，由于没有按照软件工程原则实施软件开发，以致和软件配套的一系列文档没有建立起来，保留下来的可能只有源程序。

应该说，软件开发过程中文档的完整性，对软件今后的维护有非常大的影响。如果软件配置仅仅只有源程序代码，那么软件维护活动就需要直接从源程序代码开始。显然，面对这样的软件进行维护，将会是困难重重，而且往往还会使程序变得更加混乱，更加不能理解。

2) 结构化维护

软件工程所要求的是结构化维护，它建立在严格按照软件工程原则实施软件开发的基础上，因此各个阶段的文档完整，能够比较全面地说明软件的功能、性能、软件结构、数据结构、系统接口和设计约束等，这些都将给后续软件的维护带来便利。

实际上，结构化维护就是一种依靠完整的软件配置而进行的维护，其中的软件配置包括需求规格说明、设计说明、测试说明、源程序清单和维护计划等诸多文档，因此，结构化维护可以从评价文档开始。例如，通过对设计说明的评价，确定软件重要的结构特点、性能特点以及接口特点，估量所要求的改动将给软件带来的影响，并为维护实施途径制订出合适的计划。

在软件维护具体实施过程中，则可以先修改设计，并且对所做的改动进行仔细复查，接下来编写相应的源程序代码，然后再依据测试说明书中包含的信息进行回归测试，最后把修改后的软件再次交付使用。

很显然，结构化的维护是一种有利于系统健康发展的维护，并能够在减少维护工作量、提高维护效率等方面产生积极作用。

二、软件维护的实施

1. 维护机构

随着软件维护工作量的不断增加，许多软件开发单位开始意识到了设立软件维护机构的重要性。这种维护机构有可能是一个临时维护小组，也有可能是一个长期专门从事软件维护的职能部门。

一个临时维护小组往往被派去执行一些特殊的或临时的维护任务。例如，当正在工作的软件系统出现了不能回避的严重运行错误时，可能需要临时组织一个维护小组前往用户单位对系统进行排错检查。对于一个需要长期稳定运行的复杂系统，维护工作需要有一个相对稳定的维护部门来完成。一般来说，执行长期维护职能的维护部门在系统开发完成之前就应该成立，并需要有严格的组织与管理规则，以确保今后维护工作的顺利开展。

一项维护工作，无论是临时的还是长期的，都往往会涉及以下人员或角色：

(1) 维护机构负责人：全权负责所有维护活动，包括技术与管理两个方面的工作，并负责向上级主管部门报告维护工作的开展情况。

(2) 系统监督员：负责对维护申请进行技术性评价，以确保维护的有效性。

(3) 配置管理员：进行与软件维护有关的软件配置管理。

(4) 维护管理员：负责同软件开发部门或其他部门的联系，收集、整理有关维护的信息。

(5) 维护技术人员：负责分析程序错误、进行程序修正。

为使维护工作正常开展，上述维护人员需要协作工作，例如可以按照下面的协作关系与工作步骤实施对软件的维护：

(1) 有关人员将维护申请报告表提交给维护管理员登记。

(2) 维护管理员把维护申请报告交系统监督员进行技术性评价。

(3) 系统监督员从技术角度对该项维护的可行性、必要性等做出说明。

(4) 在得到系统监督员的技术性评价之后，维护管理员把维护申请报告表提交给维护机构负责人。

(5) 维护机构负责人将根据对维护申请报告的技术评价，决定如何进行软件维护。

(6) 维护机构负责人需要将维护决定通知维护管理员，以便维护管理员能够及时安排相关技术人员实施维护。

(7) 维护机构负责人还需要将维护决定通知配置管理员，以便技术人员在对系统进行维护的过程中，配置管理员能够严格把关，控制维护范围，并对软件配置进行审计。

图 6-1 是维护工作人员之间的协作关系图示说明。

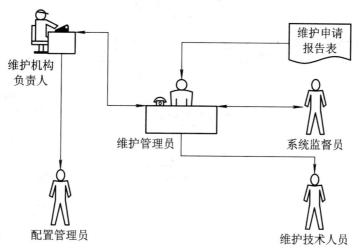

图 6-1 维护工作人员之间的协作关系图

2. 维护申请报告

为使维护按规程进行,维护需要先以文档的形式提出申请,例如,由申请维护的人员(用户、开发人员)填写一份软件维护申请报告表。

对于改正性维护,申请报告必须尽量完整地说明错误产生的情况,包括运行时的环境、输入数据、错误提示等。

对于适应性或完善性的维护,则应该提交一份简要的维护要求说明。

一切维护活动都应该从维护申请报告开始,并需要由维护机构对维护请求进行评审,由此确定维护类型(改正性维护、适应性维护或完善性维护),然后根据需要维护的软件问题的严重性,对维护作出具体的工作安排。

在维护过程中,软件维护机构内部还应该制定一份软件修改报告,该报告是维护阶段的技术性文档,其一般包含以下信息:

(1) 维护工作量;

(2) 维护类型;

(3) 维护的优先顺序;

(4) 预见的维护结果。

3. 软件维护工作流程

软件维护的工作流程如图 6-2 所示,其主要工作步骤如下:

(1) 确定维护类型。由于用户的看法可能会与维护人员的评价不一致,当出现意见不一致时,维护人员应该与用户进行协商。

(2) 对于改正性维护申请,需要先对错误的严重性进行评价。如果存在严重的错误,则必须立即安排维护人员进行"救火"式的紧急维护。而对于不太严重的错误,则可根据任务情况和问题的严重程度列入维护计划,按优先顺序统一安排维护时间。

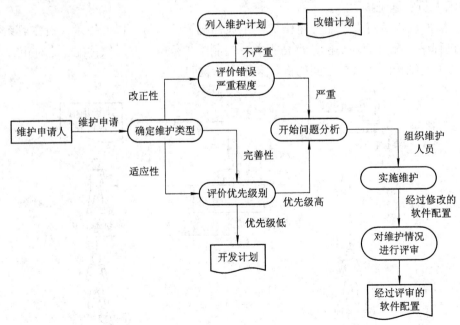

图 6-2　软件维护工作流程

(3) 对于适应性维护和完善性维护申请，需要先确定每项申请的优先次序。若某项申请的优先级非常高，就可立即开始维护工作，否则应将维护申请纳入软件开发任务计划进行排队(适应性维护与完善性维护可当做开发看待)，统一安排维护时间。

尽管维护申请的类型不同，但都要进行同样的技术工作。这些工作有：修改软件需求说明、修改软件设计、设计评审、对源程序做必要的修改、单元测试、集成测试(回归测试)、确认测试、软件配置评审等。

在每次软件维护任务完成之后，应该对维护情况进行评审。

评审内容包括以下几方面：

(1) 设计、编码、测试中的哪些方面还可以改进；

(2) 哪些维护资源应该有，但事实上却没有；

(3) 维护工作中主要的或次要的障碍是什么；

(4) 是否需要考虑预防性维护。

维护情况评审对今后维护工作的进行有重要的影响，并可为软件机构的有效管理提供重要的反馈信息。

4．维护记录

为了估计软件维护的有效程度，确定软件产品的质量，同时确定维护的实际开销，需要在维护的过程中做好维护档案记录。

维护记录内容包括：程序名称、源程序语句条数、机器代码指令条数、所用的程序设计语言、程序安装的日期、程序安装后的运行次数、与程序安装后运行次数有关的处理故障次数、程序改变的层次及名称、修改程序所增加的源程序语句条数、修改程序所减少的源程序语句条数、每次修改所付出的"人时"数、修改程序的日期、软件维护人员的姓名、维护申请报告的名称、维护类型、维护开始时间和维护结束时间、花费在维护上的累计"人时"数、维护工作的净收益等。

5．维护评价

由于缺乏可靠的数据，评价维护活动往往比较困难。但如果维护的档案记录做得比较好，就可以得出一些维护"性能"方面的度量值。

维护评价可参考的度量值如下：

(1) 每次程序运行时的平均出错次数；

(2) 花费在每类维护上的总"人时"数；

(3) 每个程序、每种语言、每种维护类型的程序平均修改次数；

(4) 因为维护，增加或删除每个源程序语句所花费的平均"人时"数；

(5) 用于每种语言的平均"人时"数；

(6) 维护申请报告的平均处理时间；

(7) 各类维护申请的百分比。

这七种度量值提供了定量的数据，据此可对开发技术、语言选择、维护工作计划、资源分配以及其他许多方面做出判定。因此，这些数据可以用来评价维护工作。

一个应用广泛的可维护性评估模型是：通过对可理解性、可靠性、可测试性、可修改性、可移植性、运行效率和可使用性这七个方面的软件特性的评价，而对软件的可维护性进行综合评估。

下面是对这七个方面特性的说明：

(1) 可理解性：指人们通过阅读源代码和相关文档，了解程序功能及其如何运行的难易程度。一个可理解的程序应该具有模块化、风格一致、结构完整等特性。

(2) 可靠性：指程序按照用户的要求和设计目标，在给定的一段时间内正确执行的概率。其度量标准有：平均失效间隔时间(MTTF)、平均修复时间(MTTR)。

(3) 可测试性：指诊断程序错误的难易程度。对于程序模块，可用程序复杂性来度量可测试性。程序的环路复杂性越大，程序的路径就越多，全面测试程序的难度就越大。

(4) 可修改性：指程序修改的难易程度。一个可修改的程序应当是可理解的、通用的、灵活的、简单的。

(5) 可移植性：指程序转移到一个新的计算环境的可能性的大小。一个可移植的程序应具有结构良好、灵活，并具有与计算机、操作系统无关的特点。

(6) 运行效率：指一个程序能执行预定功能而又不浪费机器资源的程度。这些机器资源包括：内存容量、外存容量、通道容量和执行时间。

(7) 可使用性：指对于用户而言，程序的方便、实用和易于使用的程度。

需要注意的是，上述七个方面的软件特性，对于不同类型的软件维护，会有不同的侧重表现。表 6-1 显示了各类维护中应该侧重的特性

表 6-1　各类维护中应该侧重的特性

特　性	改正性维护	适应性维护	完善性维护
可理解性	Y		
可测试性	Y		
可修改性	Y	Y	
可靠性	Y		
可移植性		Y	
可使用性		Y	Y
运行效率			Y

三、软件配置管理

软件配置管理(Software Configuration Management，SCM)是一种标识、组织和控制修改的技术。软件配置管理应用于整个软件工程过程。在软件建立时变更是不可避免的，而变更加剧了项目中软件开发者之间的混乱。SCM 活动的目标就是为了标识变更、控制变更、确保变更正确实现并向其他有关人员报告变更，可使错误降为最小并最有效地提高生产效率。

软件配置管理是一组针对软件产品的追踪和控制活动，它贯穿于软件生命周期的始终，并代表着软件产品接受各项评审。

当对软件进行维护时，软件产品发生了变化，这一系列的改变，必须在软件配置中体现出来，以防止因为维护所产生的变更给软件带来混乱。

软件开发过程中，需要输出的信息有三种：计算机程序、描述计算机程序的文档和数据结构。软件配置就由这些信息所组成。

1. 配置标识

为了方便对软件配置中的各个对象进行控制与管理，首先应给它们命名，再利用面向对象的方法组织它们。通常需要标识两种类型的对象：基本对象和复合对象。基本对象是由软件工程师在分析、设计、编码和测试时所建立的"文本单元"。复合对象则是基本对象或其他复合对象的一个集合。

每个对象可用一组信息来唯一地标识它，这组信息包括名字、描述、资源、实现等内容。

2. 变更控制

软件生命期内全部的软件配置是软件产品的真正代表，必须使其保持精确。软件工程过程中某一阶段的变更，均要引起软件配置的变更，这种变更必须严格加以控制和管理，以保证修改信息能够精确、清晰地传递到软件工程过程的下一步骤。

变更控制包括建立控制点和建立报告与审查制度。在此过程中，首先用户提交书面的变更请求，详细申明变更的理由、变更方案、变更的影响范围等。然后由变更控制机构确定控制变更的机制，评价其技术价值、潜在的副作用、对其他配置对象和系统功能的综合影响以及项目的开销，并把评价的结果以变更报告的形式提交给变更控制负责人进行变更确认。

软件的变更通常有两类不同的情况：

(1) 为改正小错误需要的变更。它是必须进行的，通常不需要从管理角度对这类变更进行审查和批准。但是，如果发现错误的阶段在造成错误的阶段后面，例如在实现阶段发现了设计错误，则必须遵照标准的变更控制过程，把这个变更正式记入文档，把所有受这个变更影响的文档都做相应的修改。

(2) 为了增加或删掉某些功能，或者为了改变完成某个功能的方法而需要的变更。这类变更必须经过某种正式的变更评价过程，以估计变更需要的成本和它对软件系统其他部分的影响。如果变更的代价比较小且对软件系统其他部分没有影响或影响很小，通常应批准这个变更。反之，如果变更的代价比较高或者影响比较大，则必须权衡利弊，以决定是否进行这种变更。如果同意这种变更，需要进一步确定由谁来支付变更所需要的费用。如果是用户要求的变更，则用户应支付这笔费用。否则，必须完成某种成本/效益分析，以确定是否值得做这种变更。应该把所做的变更正式记入文档，并相应地修改所有相关的文档。

3. 版本控制

软件变更往往会带来软件版本的改变与新版本的发布，对此，需要进行有效的控制。版本控制往往利用工具来进行管理与标识，并有许多不同的版本控制自动方法。图 6-3 所示是用于表现系统不同版本的演变图。图中的各个节点都是一个用于反映版本完整组成的聚合对象，是源代码、文档、数据的一次完整收集。

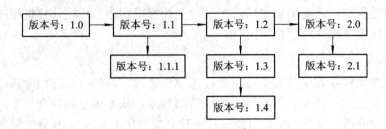

图 6-3 系统不同版本的演变图

✦✦✦✦✦ 习 题 ✦✦✦✦✦

1. 软件维护有哪几种类型？

2. 某学校自己开发了一套计算机上机管理系统，学生可以通过上机卡刷卡上机，但是发现安全性不高，个别学生居然可以在没有刷卡的情况下跳过登录检控而达到无卡上机的目的，因此，需要对系统进行改造。你认为这应该是一种什么类型的维护？

3. 某企业委托一家软件公司开发了一套工资报表生成系统，开始使用时还比较满意，但是随着工资数据的不断积累，报表生成速度越来越慢，以致月工资报表需要整整一天时间才能生成出来。因此，该企业要求软件公司对系统进行改造。你认为这应该是一种什么类型的维护？

4. 为什么系统越大越难维护？

5. 软件维护往往会对软件生产率带来负面影响，试对这一现象进行分析。

6. 什么是软件的可维护性？主要有哪些因素在影响着软件的可维护性？

7. 试对软件维护实施过程进行说明。

8. 什么是软件配置管理？软件维护中为什么需要特别关注软件配置管理？

项目七　认识 UML

项目引导

　　本项目主要介绍 UML 的形成和特点以及 UML 的主要内容，常用的视图等情况。通过本章的学习，读者应了解 UML 的基本组成及 UML 建模的过程。

知识目标

　　(1) 认识什么是 UML。
　　(2) 认知 UML 建模技术的内容及过程。

能力目标

　　(1) 掌握 UML 的模型元素。
　　(2) 掌握 UML 的结构及视图。

任务一　UML 的发展

　　软件工程领域在 1995 年至 1997 年取得了前所未有的进展，其成果超过软件工程领域过去 15 年来的成就总和。其中最重要的、具有划时代重大意义的成果之一就是统一建模语言——UML(Unified Modeling Language)的出现。在世界范围内，至少在未来 10 年内，UML 将是面向对象技术领域内占主导地位的标准建模语言。

一、UML 的发展历程

1. 什么是 UML

　　UML 即统一建模语言又称标准建模语言，是始于 1997 年的一个 OMG 标准，它是一个支持模型化和软件系统开发的图形化语言，为软件开发的所有阶段提供模型化和可视化支持，包括由需求分析到规格，再到构造和配置。面向对象的分析与设计(OOA&D, OOAD)方法的发展在 20 世纪 80 年代末至 90 年代中期出现了一个高潮，UML 是这个高潮的产物。它不仅统一了 Booch、Rumbaugh 和 Jacobson 的表示方法，而且对其作了进一步的发展，并最终统一为大众所接受的标准建模语言。

2. 什么是模型

模型是一个系统的完整的抽象。人们对某个领域特定问题的求解及解决方案，对它们的理解和认识都蕴含在模型中。

通常，开发一个计算机系统是为了解决某个领域特定问题，问题的求解过程，就是从领域问题到计算机系统的映射(见图 7-1)。

图 7-1　解决问题域过程

UML 作为一种可视化的建模语言，提供了丰富的基于面向对象概念的模型元素及其图形表示元素。

3. UML 的发展过程

20 世纪 90 年代中期，面向对象方法已经成为软件分析和设计方法的主流。1994 年10 月，Booch 和 Rumbargh(见图 7-2)开始着手建立统一建模语言的工作。他们首先将 Booch 93 和 OMT-2 统一起来，并于 1995 年 10 月发布了第一个公开版本，称为统一方法 UM 0.8。1995 年秋，OOSE 方法的创始人 Jacobson 加入了他们的工作，经过他们 3 人的努力，于1996 年 6 月和 10 月分别发表了两个新的版本，即 UML 0.9 和 UML 0.91，并重新将 UM命名为 UML。它在美国得到工业界、科技界和应用界的广泛支持，有 700 多家公司采用了该语言。1996 年，一些机构将 UML 作为其商业策略已日趋明显，UML 的开发者得到了来自公众的正面反应，并倡导成立了 UML 成员协会，以完善、加强和促进 UML 定义工作。1997 年 1 月公布了 UML1.0 版本。1997 年 7 月，在征求了合作伙伴的意见之后，公布了 UML1.1 版本。自此 UML 已基本上完成了标准化的工作。1997 年 11 月，OMG(对象管理组织)采纳 UML1.1 作为面向对象技术的标准建模语言，UML 成为可视化建模语言事实上的工业标准，已稳占面向对象技术市场的 85% 的份额。图 7-3 所示为 UML 的发展史。

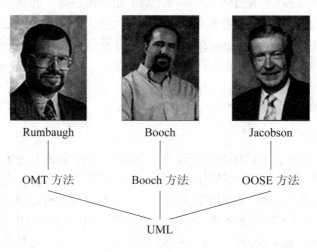

图 7-2　UML 创始人

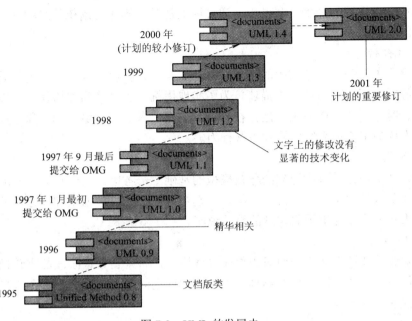

图 7-3 UML 的发展史

二、UML 的特点及应用

1. UML 的特点

(1) UML 统一了各种方法对不同类型的系统、不同开发阶段以及不同内部概念的不同观点，从而有效地消除了各种建模语言之间不必要的差异。它实际上是一种通用的建模语言，可以为许多面向对象建模方法的用户广泛使用。

(2) UML 建模能力比其他面向对象建模方法更强。它不仅适合于一般系统的开发，而且对并行、分布式系统的建模尤为适宜。

(3) UML 是一种建模语言，而不是一个开发过程。

2. UML 的应用

UML 的主要目标是以面向对象图的方式来描述任何类型的系统。UML 最常用于建立软件系统的模型，也可描述非软件领域的系统，如机械系统、企业机构、业务过程、信息系统、实时的工业系统和工业过程等。

UML 是一个通用的、标准的建模语言，任何有静态结构、动态行为的系统都可用来建模。但是 UML 不是标准的开发过程，也不是标准的面向对象开发方法。这是因为软件开发过程在很大程度上依赖于问题域、实现技术和开发小组，不同的应用、不同的开发人员的开发过程有很大的差异，这使得开发方法的标准化工作很难进行。因此，把开发过程从开发方法中抽取出来，剩下的表示手段和代表语义完全可以实现标准化。表示手段和代表语义组合在一起，即为建模语言。

UML 的应用贯穿在系统开发的五个阶段。

1) 需求分析

需求分析阶段可使用例图来捕获用户的需求，用例图从用户的角度来描述系统的功能，表示了操作者与系统的一个交互过程。通过用例建模，描述对系统感兴趣的外部角色和他们对系统的功能要求。

2) 系统分析

分析阶段主要关心问题域中的主要概念，如对象、类以及它们之间的关系等，需要建立系统的静态模型，可用类图来描述。为了实现用例，类之间需要协作，可以用动态模型的状态图、时序图和合作图来描述。在分析阶段，只考虑问题域中的对象建模，通过静态模型和动态模型来描述系统结构和系统行为。

3) 系统设计

系统设计是在分析阶段建立的分析模型的基础上，考虑定义软件系统中的技术细节用到的类，如引入处理用户交互的接口类、处理数据的类、处理通信和并行性的类。因此，设计阶段为实现阶段提供了更详细的设计说明。

4) 实现

实现阶段的任务是使用面向对象程序设计语言，将来自设计阶段的类转换成源程序代码，用构件图来描述代码构件的物理结构以及构件之间的关系，用配置图来描述和定义系统中软硬件的物理体系结构。

5) 测试

UML 建立的模型也是测试阶段的依据。可使用类图进行单元测试，可使用构件图、合作图进行集成测试，可使用用例图进行确认测试，以验证测试结果是否满足用户的需求。

Java、C++ 等程序设计语言用来编码实现一个软件系统。UML 对一个软件系统建立模型。

任务二　认识 UML 的结构

一、UML 的主要内容

UML 的定义包括 UML 语义和 UML 表示法两个部分。

1. UML 语义

UNL 语义描述基于 UML 的精确元模型(Meta-model)定义。元模型为 UML 的所有元素在语法和语义上提供了简单、一致、通用的定义性说明，使开发者能在语义上取得一致，消除了因人而异的表达方法所造成的影响。此外 UML 还支持对元模型的扩展定义。

UML 支持各种类型的语义，如布尔、表达式、列表、阶、名字、坐标、字符串和时间等，还允许用户自定义类型。

2. UML 表示法

UML 表示法是定义 UML 符号的表示法，为开发者或开发工具使使用这些图形符号和文本语法进行系统建模提供了标准。这些图形符号和文字所表达的是应用级的模型，在语义上它是 UML 元模型的实例。

二、UML 的构成

作为建模语言，UML 由以下几部分构成(见图 7-4)：

(1) 基本语言组成：语言的构成成分，包括要素、关系、图。

(2) 语义规则：语言的语法和语义规则。

(3) 公共机制：规范说明、语言扩展等。

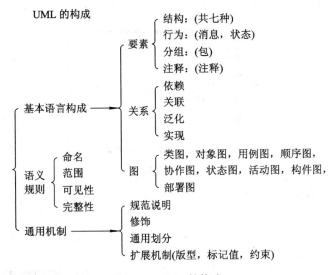

图 7-4　UML 的构成

UML 语言的构成成分包括要素、关系、图。

1．UML 的要素

1) 结构事物

结构事物是模型中的静态部分，用以呈现概念或实体的表现元素，是软件建模中最常见的元素，共有七种：

(1) 类(Class)：具有相同属性、方法、关系和语义的对象的集合(见图 7-5)。

(2) 接口(Interface)：类或组件所提供的服务(操作)，描述了类或组件对外可见的活动(见图 7-6)。

图 7-5　类　　　　　　　　　　　　图 7-6　接口

(3) 协作(Collaboration)：描述合作完成某个特定任务的一组类及其关联的集合，用于对使用情形的实现建模(见图 7-7)。

(4) 用例(Use Case)：定义了参与者(在系统外部与系统交互的人或系统)和被考虑的系统之间的交互来实现的一个业务目标(见图 7-8)。

图 7-7　协作

图 7-8　用例

(5) 活动类(Active Class)：其对象有一个或多个进程或线程。活动类和类很相像，只是它的对象代表的元素的行为和其他的元素是同时存在的(见图 7-9)。

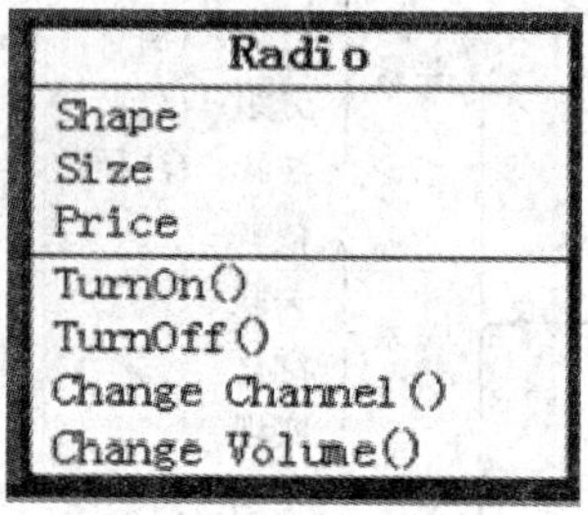

图 7-9　活动类

(6) 组件(Component)：它是物理的、可替换的部分，包含接口的集合(见图 7-10)，例如 COM+、JavaBean 等。

(7) 节点(Node)：它是系统在运行时存在的物理元素，代表一个可计算的资源，通常占用一些内存和具有处理能力(见图 7-11)。

图 7-10　组件

图 7-11　节点

2) 行为事物

行为事物指的是 UML 模型中的动态部分，代表语句里的"动词"，表示模型里随着时空不断变化的部分，包含以下两类：

(1) 消息：一组对象之间为完成某一项任务而进行的一系列消息交换的行为说明(见图 7-12)。

(2) 状态：一个对象或一个交互在生命期内响应事件所经历的状态序列(见图 7-13)。

图 7-12　消息

图 7-13　状态

3) 分组事物

可以把分组事物看成是一个"盒子"，模型可以在其中被分解。目前只有一种分组事物，即包(Package)(见图 7-14)。结构事物、动作事物甚至分组事物都有可能放在一个包中。包纯粹是概念上的，只存在于开发阶段。

4) 注释事物

注释事物是 UML 模型的解释部分(见图 7-15)。

图 7-14　包

图 7-15　注释

2. UML 的关系

UML 模型是由各种事物及这些事物之间的各种关系构成的。关系式指支配、协调各种模型元素存在并相互使用的规则。UML 中主要包含四种关系，分别是关联、依赖、泛化和实现。

1) 关联关系

只要两个类之间存在某种关系，就认为两个类之间存在关联。关联是人们赋予事物之间的联系，即只要认为两个事物之间有某种联系，就认为事物之间存在关联。实现关系、泛化关系、扩展关系和依赖关系都属于关联关系，是更具体的关联关系。关联关系是最高层次的关系，在所有关系中，关联的语义最弱。在 UML 中，使用一条实线来表示关联关系，如图 7-16 所示。

图 7-16　关联关系

在关联关系中，有两种比较特殊的关系，它们是聚合关系和组合关系。

(1) 聚合关系。聚合(Aggregation)是一种特殊形式的关联，表示类之间的关系是整体与部分的关系。聚合关系是一种松散的对象间关系，如计算机与它的外围设备就是聚合关系。一台计算机和它的外设之间只是很松散地结合在一起，这些外设既可有可无，又可以与其他计算机共享，即部分可以离开整体而存在。

聚合的表示方法如图 7-17(a)所示。其中菱形端表示事物的整体，另一端表示事物的部分。如计算机就是整体，外设就是部分。

(2) 组合关系。如果发现"部分"类的存在是完全依赖于"整体"类的，那么就应使用"组合"关系来描述。组合关系是一种非常强的对象间关系，就像树和树叶之间的关系一样。树和它的叶子紧密联系在一起，叶子完全依赖树，它们不能被其他的树所分享，并且当树死去时，叶子也会随之死去——这就是组合。在组合关系中，部分依赖于整体而存在。组合是一种较强的聚合关系，它的表示方法如图 7-17(b)所示。

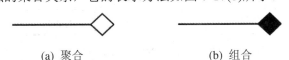

(a) 聚合　　　　　　　　　　(b) 组合

图 7-17　表示聚合关系和组合关系的 UML 符号

2) 泛化关系

泛化关系描述了从特殊事物到一般事物之间的关系，也就是子类到父类之间的关系，或者子接口到父接口的关系。表示泛化关系的符号是从子类指向父类的带空心箭头的实线，如图 7-18 所示。而从父类到子类的关系则是特化关系。

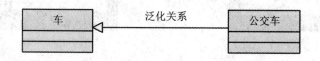

图 7-18　表示泛化关系的 UML 符号

3) 实现关系

实现关系是用来规定接口与实现接口的类之间的关系。接口是操作的集合，这些操作声明了类或组件所提供的服务。表示实现关系的符号是从类指向接口的带空心箭头的虚线，如图 7-19 所示。

图 7-19　表示实现关系的 UML 符号

4) 依赖关系

假设有两个元素 X、Y，如果元素 X 的值发生变化，就会引起元素 Y 的值发生变化，则称元素 Y 依赖(Dependency)于元素 X。表示依赖关系的 UML 符号如图 7-20 所示。

图 7-20　表示依赖关系的 UML 符号

如果两个元素是类，则类间的依赖现象有多种，如一个类向另一个类发消息，一个类是另一个类的数据成员，一个类是另一个类的某个方法的参数等。

3．UML 的图

元素符号代表了简单事物，简单事物通过一定关系组合成复杂事物，图就是用来表示复杂事物的。每个图是由代表简单事物的元素符号和代表事物关系的关系符号构成的。

UML 中的图可分为两大类：从使用的角度来看，可以将 UML 的九种图分为结构图(也称为静态模型)和行为图(也称为动态模型)两大类，如图 7-21 所示。

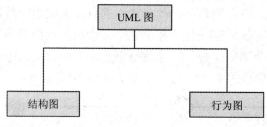

图 7-21　UML 图的组成

1) 结构图

结构图描绘系统中事物的组成及结构关系，它又分为以下五种：

(1) 类图(Class Diagram)：它展现了一组对象、接口、协作和它们之间的关系，描述的是一种静态关系，在系统的整个生命周期中都是有效的，是面向对象系统的建模中最常见的图。

类用来表示系统中需要处理的事物。类与类之间有很多连接方式，比如关联、依赖泛化或打包。类与类之间的这些关系都体现在类图的内部结构之中，可通过类的属性和操作反映出来。在系统的生命周期中，类图所描述的静态结构在任何情况下都是有效的。一个典型的系统中通常有若干个类图。一个类图不一定包含系统中的所有类，一个类还可以加到几个类图中。订货系统的类图如图 7-22 所示。

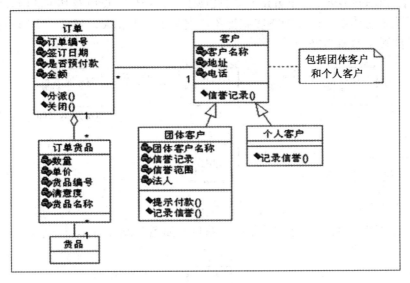

图 7-22 订货系统的类图

(2) 组件图(Component Diagram)：它展现了一组组件的物理结构和组件之间的依赖关系。组件图有助于分析和理解组件之间的相互影响程度。组件图如图 7-23 所示。

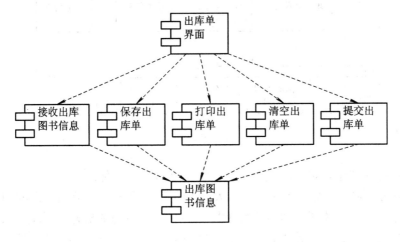

图 7-23 组件图

(3) 对象图(Object Diagram)：它展现了一组对象以及它们之间的关系。对象图是类图的实例，几乎使用与类图完全相同的标示。对象图如图 7-24 所示。

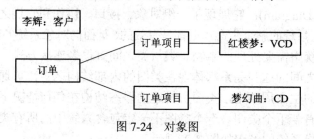

图 7-24　对象图

(4) 部署图(Deployment Diagram)：它展现了运行处理节点以及其中的组件的配置。部署图给出了系统的体系结构和静态实施视图。它与组件图相关，通常一个节点包含一个或多个构建。部署图如图 7-25 所示。

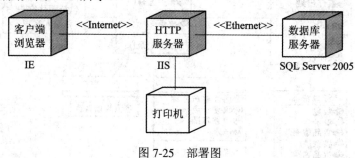

图 7-25　部署图

(5) 包图：它用于描绘包之间的依赖关系包图如图 7-26 所示。

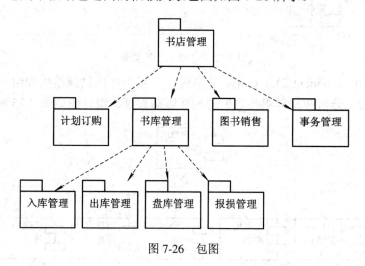

图 7-26　包图

2) 行为图

行为图描绘系统中事物间的交互行为，它又分为以下五种：

(1) 用例图：它用于显示若干角色以及这些角色与系统提供的用例之间的连接关系。用例描述了系统的工作方式，以及系统能提供的服务。用例图描述了系统外部参与者如何使用系统提供的服务，也就是站在系统外部察看系统功能，它并不描述系统内部对该功能的具体操作方式。用例图是定义系统的功能需求。用例图如图 7-27 所示。

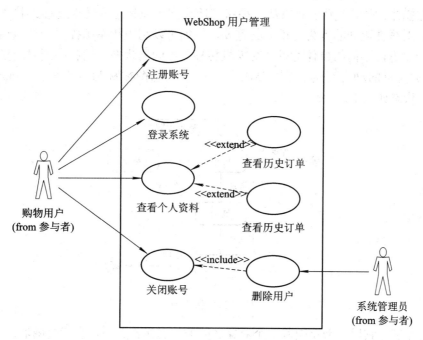

图 7-27　用例图

（2）活动图：它用于显示系统内部的活动控制流程。通常需要使用活动图描述不同的业务过程。活动图由各种动作状态构成，每个动作状态包含可执行动作的规范说明。一旦某个动作执行完毕，该动作的状态就会随着改变。这样，动作状态的控制就从一个状态流向另一个与之相连的状态。活动图如图 7-28 所示。

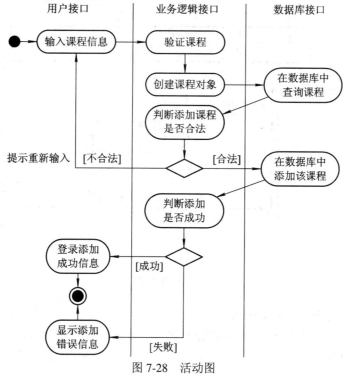

图 7-28　活动图

(3) 状态图：它用于显示对象从一种状态迁移到其他状态的转换过程。状态图是一个动态视图，对事件驱动的行为建模尤其重要，例如可以利用状态图描述一个电话路由系统中交换机的状态，不同的事件可以令交换机转移至不同的状态，用状态图对交换机建模有助于理解交换机的动态行为。在 UML 2.0 中，状态图被称为状态机图(State Machine Diagram)。状态如图 7-29 所示。

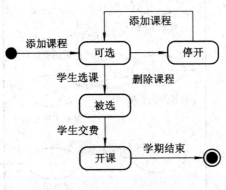

图 7-29　状态图

(4) 时序图：它用于来反映若干个对象之间的动态协作关系，也就是随着时间的流逝，对象之间是如何交互的。它强调一个系统中间相互作用时消息的时间顺序。时序图由若干个对象组成，每个对象用一个垂直的虚线表示，每个对象的正下方有一个矩形条，它与垂直的虚线相叠，矩形条表示该对象随着时间流逝的过程，对象之间传递的消息用消息箭头表示，它们位于表示对象的垂直线条之间。时序图如图 7-30 所示。

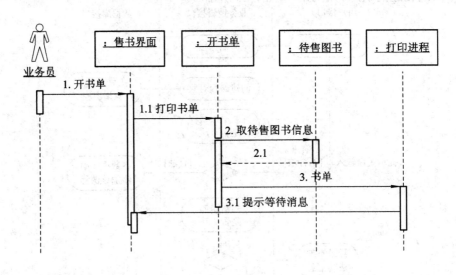

图 7-30　时序图

(5) 协作图：它和时序图的作用一样，反映的也是动态协作。由于协作图和时序图都反映对象之间的交互，所以建模者可以任意选择一种反映对象间的协作。如果强调时间和序列，最好选择时序图；如果强调上下文相关，最好选择协作图。协作图与对象图画法一样，图中有若干个对象及它们之间的关系，对象之间流动的消息用箭头表示，箭头中间用标签标识消息被发送的序号、条件、迭代方式、返回值等。协作图如图 7-31 所示。

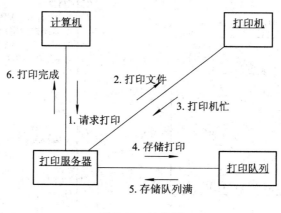

图 7-31　协作图

三、UML 语义规则

UML 语义规则指语言的语法和语义规则。在 UML 中，代表事物的元素符号在使用时应遵守一系列规则，每个元素必须遵守的三种语义规则如下所述。

(1) 名称：每个元素应该有一个名字，即事物、关系和图都应该有一个名字。和任何语言一样，名字即一个标识符。例如：student 为一个类的名字。

(2) 范围：每个元素起作用的范围，相当于程序设计语言中变量的"作用域"。例如：属性 name:string。

(3) 可见性：我们知道，UML 元素可能属于一个类或包，因此所有元素都具有可见属性。例如：

public:公共　　　　　+
protected:保护　　　 #
private:私有　　　　　−

四、UML 的公共机制

在 UML 中共有四种贯穿于整个统一建模语言并且一致地应用的公共机制，这四种机制分别是规格描述、修饰、通用划分和扩展机制。其中扩展机制可以再划分为构造型、标记值和约束。

1．规格说明

如果把模型元素当成一个对象来看待，那么模型元素本身也应该具有很多的属性，这些属性用于维护属于该模型元素的数据值。如图 7-32 所示，在左边的方框中有三个用图形符号表示的用例，分别是存款、取款和转账；在右边的方框中，分别对每个图形符号表示的用例进行了详细的文字描述，即规格说明。

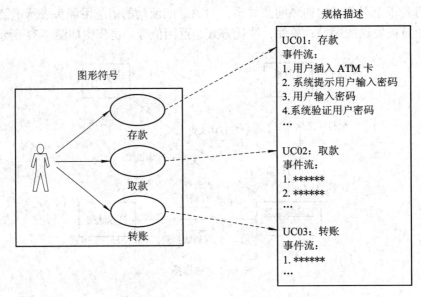

图 7-32　图形符号与对应的规格描述

2．修饰

在 UML 中，每个元素符号对事物的主要属性提供了可视化表示，而若想将事物的细节表示出来，则必须对元素符号加以修饰。例如，用斜体字表示抽象类，用 +、- 符号表示元素的访问级别，这些都是通过修饰符号来表示事物的细节。所谓修饰就是增加元素符号的内涵，为被修饰的元素提供更多的信息。例如：矩形框表示一个类，有类名、属性、操作等。同时也可增加"可视性"等修饰，如图 7-33。

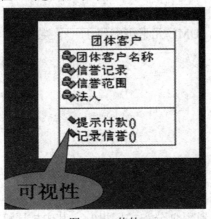

图 7-33　修饰

3．通用划分

UML 通用划分，即对 UML 元素进行分组，包括两组：类与对象、接口与实现。

(1) 类与对象：类是对对象共同特征的描述，是对象的模板，而对象则是类的实例。

(2) 接口与实现：接口是一种声明、一个合同、一组方法的集合，而实现则是完成一个合同、实现接口中的声明。

在 UML 中，用例就是一种对功能的声明和定义，是对事物功能的抽象描述，协作则是实现用例声明的功能，操作名是声明服务的，而方法体则是实现服务的。因此，用例与协作、操作名与方法体之间就是接口与实现的关系。

4．扩展机制

由于 UML 中定义的元素符号不能表示所有的事物，因此需要通过一些方法对元素符号进行扩展，主要的扩展机制有构造型、标记值和约束。

1) 构造型

构造型就是指分析师自己定义一种新的 UML 元素符号，给这种新的元素符号赋予特别的含义，例如分析师可以定义一个元素符号"<<Interrupt>>"，用该元素符号代表"中断"。

表示同一构造型元素符号的方法有三种，图 7-34 所示就是用三种不同方式来表示设备"中断"这种构造型，其中假设 Equipment(设备)是类名称。

第一种方法(构造符号加图标)　　第二种方法(构造符号)　　第三种方法(图标)

图 7-34　构造型的三种表示方法

第一种表示方法：创建一种新的 UML 元素符号"<<Interrupt>>"，表示"中断"，在构造元素符号右边放置一个图标。构造符号"<<Interrupt>>"与图标一起代表"中断"。

第二种表示方法：创建一种新的 UML 元素符号"<<Interrupt>>"，表示"中断"，这是一种标准表示方法。

第三种表示方法：直接用一个图标表示新的构造元素符号，该符号的语义是"中断"。

2) 标记值

标记值是用来为事物(元素符号)添加新特征的，其表示方法是用格式如"{标记信息}"的字符串表示。标记信息通常是一个字符串，它由名称、分隔符和值 3 个部分组成。例如，标记信息：{name ="李小平"}。在这个标记信息中，名称是 name；分隔符是=；标记值是"李小平"。其中，名称表示了事物的属性，标记值表示了事物的属性值。

3) 约束

约束是用来标识元素之间约束条件，增加新的语义或改变已存在规则的一种机制(通过文本和 OCL 两种方法表示约束)。约束的表示方法和标记值的表示方法类似，都是使用花括号括起来的字符串来表示，不过不能够把它放在元素中，而是要放在相关的元素附近。

任务三　认识 UML 的视图

一、UML 视图的作用

给复杂的系统建模是一件困难和耗时的事情。从理想化的角度来说，整个系统像是一张图画，这张图画清晰而又直观地描述了系统的结构和功能，既易于理解又易于交流。但事实上，要画出这张图画几乎是不可能的，因为一个简单的图画并不能完全反映出系统中需要的所有信息。

　　描述一个系统涉及许多方面，比如功能性方面(它包括静态结构和动态交互)、非功能性方面(定时需求、可靠性、展开性等)和组织管理方面(工作组、映射代码模块等)。完整地描述系统，通常的做法是用一组视图反映系统的各个方面，每个视图代表完整系统描述中的一个抽象，显示这个系统中的一个特定的方面。每个视图由一组图构成，图中包含强调系统中某一方面的信息。视图与视图之间有时会产生轻微的重叠，从而使得一个图实际上可能是多个视图的一个组成部分。如果从不同的视图观察系统，则每次只集中地观察系统的一个方面，而如果使用所有的视图来观察系统，则应该可以看到系统的各个侧面(包括动态和静态的)。视图中的图应该简单，易于交流，且与其他的图和视图有关联关系。

　　UML 中的视图包括用例视图(Use Case View)、逻辑视图(Logical View)、组件视图(Componet View)、并发视图(Concurrent View)、部署视图(Deployment View)等，这 5 个视图被称作"4+1"视图，如图 7-35 所示。

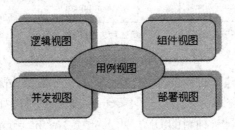

图 7-35　　UML 的视图

二、UML 的各种视图

1．用例视图

　　用例视图用于描述系统应该具有的功能集。用例视图是从系统的外部用户角度出发，对系统的抽象表示。用例视图所描述的系统功能依靠于外部用户或由另一个系统触发激活，为用户或另一个系统提供服务，实现用户或另一个系统与系统的交互。系统实现的最终目标是提供用例视图中描述的功能。用例视图中可以包含若干个用例，用例用来表示系统能够提供的功能(系统用法)，一个用例是系统用法(功能请求)的一个通用描述。

　　用例视图是其他四个视图的核心和基础。其他视图的构造和发展依赖于用例视图中所描述的内容。由于系统的最终目标是提供用例视图中描述的功能，同时附带一些非功能性的性质，因此用例视图影响着所有其他的视图。用例视图还可以用于测试系统是否满足用户的需求和验证系统的有效性。用例视图主要为用户、设计人员、开发人员和测试人员而设置。用例视图静态地描述系统功能，为了动态地观察系统功能，也可以使用活动图对用例进行描述。

2．逻辑视图

　　逻辑视图可以揭示系统内部的设计和协作状况。逻辑视图用来显示系统内部的功能是怎样设计的，它利用系统的静态结构和动态行为来刻画系统功能。静态结构描述类、对象和它们之间的关系等。动态行为主要描述对象之间的动态协作，当对象之间彼此发送消息给给定的函数时产生动态协作、一致性和并发性等性质，以及接口和类的内部结构都要在逻辑视图中定义。在 UML 中，静态结构由类图和对象图进行描述，动态行为用状态图、顺序图、协作图和活动图描述。

3. 并发视图

并发视图用来显示系统的并发工作状况。并发视图将系统划分为进程和处理机方式，通过划分引入并发机制，利用并发高效地使用资源、并行执行和处理异步事件。除了划分系统为并发执行的控制线程外，并发视图还必须处理通信和这些线程之间的同步问题。并发视图所描述的方面属于系统中的非功能性质方面。

并发视图供系统开发者和集成者使用。它由动态图(状态图、顺序图、协作图、活动图)和执行图(组件图、部署图)构成。

4. 组件视图

组件视图用来显示代码组件的组织方式。它描述了系统的实现模块和它们之间的依赖关系。

组件视图由组件图构成。组件是代码模块，不同类型的代码模块形成不同的组件，组件按照一定的结构和依赖关系呈现。组件的附加信息(如为组件分配资源)或其他管理信息(如进展工作的进展报告)也可以加入到组件视图中。组件视图主要供开发者使用。

5. 部署视图

部署视图用来显示系统的物理架构，即系统的物理部署情况，如计算机和设备以及它们之间的连接方式，其中计算机和设备称为节点。

部署视图还包括一个映射，该映射显示在物理架构中组件是怎样部署的。比如，在每台独立的计算机上，哪一个程序或对象在运行。部署视图提供给开发者、集成者和测试者。

✦✦✦✦✦ 习　题 ✦✦✦✦✦

1. UML 的中文意思是什么？
2. 简述 UML 的特点。
3. UML 的基本语言要素包括哪三个方面？
4. 利用 UML 可以建立哪几种图？
5. UML 可以建立哪几种视图？各自的作用是什么？
6. UML 的各种图在软件模型中的用法分别是什么？

项目八　Rational Rose 简介

项目引导

本项目主要介绍 Rational Rose 的基础知识。包括：初识 Rational Rose、使用 Rational Rose 建模的一般步骤。通过本项目的学习能安装 Rational Rose 建模工具。

知识目标

(1) 认识常用 UML 建模工具。

(2) 掌握 Rational Rose 安装与配置。

能力目标

使用 Rational Rose 建模。

任务一　初识 Rational Rose

Rational Rose 是 Rational 公司推出的支持 UML、功能强大、可视化的建模工具。它为基于 UML 的面向对象系统的建模提供了很好的模型表示方式。

在软件系统开发的系统需求阶段、对象分析阶段、对象设计阶段，Rational Rose 都可以帮助开发者方便、快速地建立起相应的软件模型。

Rational Rose 采用用例视图、逻辑视图、组件视图和部署视图支持面向对象的分析和设计，在不同的视图中建立相应的 UML 图形，以反映软件系统静态的、动态的、物理的或逻辑的特性。

Rational Rose 具有良好的操作界面，可编辑 *.mnu 纯文本文件、修改和定义主菜单、添加运行模块；它可以生成各种代码和数据框架(如 C++、Java、Visual Basic 和 Oracle 等)。

Rational Rose 提供了正向/逆向工程的功能，实现在系统的 UML 设计模型到程序设计语言代码之间的转换。

一、Rational Rose 的运行环境

1．硬件环境

PC 兼容机，600 MHz 及以上 CPU 主频，512 MB 及以上内存，400 MB 及以上磁盘空间。

2．软件环境

(1) 操作系统环境：Windows NT 4.0(SP6)、Windows 2000 Professional(SP2 或 SP3)、Windows XP Professional(SP2)、Windows 2000/2003 Server。

(2) 数据库环境：支持 IBM DB2 Universal Database 5.x 及以上版本、IBM DB2 OS390 5.x 及以上版本、MS SQL Server 6.x 及以上版本、Oracle 7.x 及以上版本、Sysbase System 12 等软件环境。

二、Rational Rose 的安装

(1) 双击 Rational Rose2003 的安装程序为压缩文件，打开"指定文件保存路径"对话框，如下图 8-1 所示。单击【Change】可以改变文件保存路径；如果要取消安装，单击【Cancel】按钮。

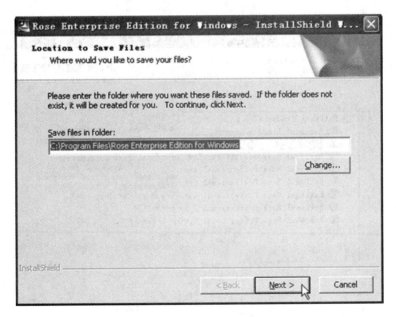

图 8-1　指定文件保存路径

(2) 单击【next】按钮，打开"解压文件"对话框，如果要取消安装，单击【Cancel】按钮。

(3) 在(2)的基础上单击【next】按钮，打开"解压文件"对话框，如图 8-2 所示。如果要取消安装，单击【取消】按钮。

图 8-2　欢迎进入安装向导

　　(4) 单击【下一步】按钮，打开"选择产品"对话框，如图 8-3 所示。在这里选择"Rational Rose Enterprise Edition"。如果要取消安装，单击【取消】按钮；如果要返回到上一步，单击【上一步】按钮。

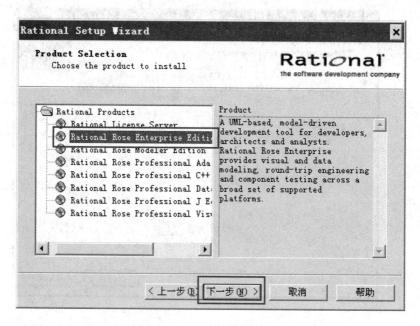

图 8-3　选择产品

　　(5) 单击【下一步】按钮，打开"发布方法"对话框，如图 8-4 所示。在这里选择默认的"Desktop installation from CD image"。如果要取消安装，单击【取消】按钮；如果要返回到上一步，单击【上一步】按钮。

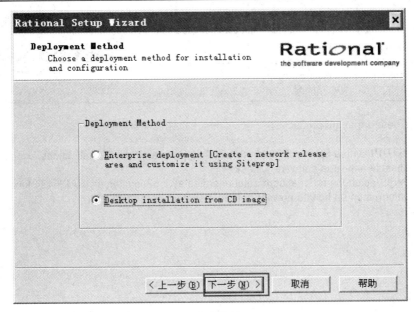

图 8-4 发布方法

(6) 单击【下一步】按钮，打开"Rose 企业版安装向导"对话框，如图 8-5 所示。如果要取消安装，单击【Cancel】按钮；如果要返回到上一步，单击【Back】按钮。

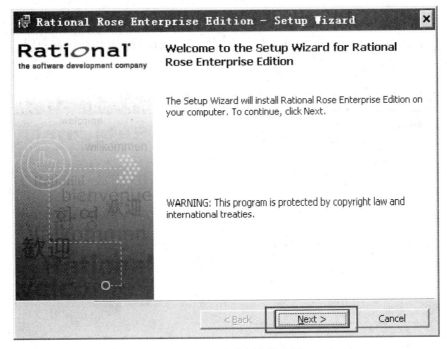

图 8-5 Rose 企业版安装向导

(7) 单击【Next】按钮，打开"产品警告"对话框，如图 8-6 所示。如果要取消安装，单击【Cancel】按钮；如果要返回到上一步，单击【Back】按钮。

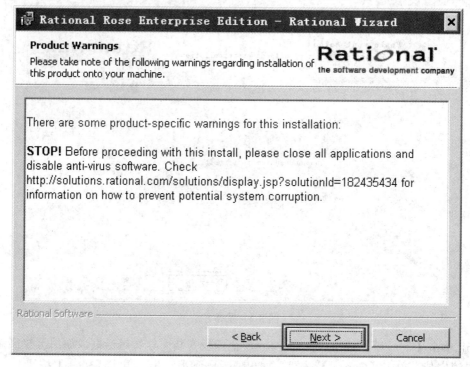

图 8-6　产品警告

（8）单击【Next】按钮，打开"版权声明"对话框，如图 8-7 所示。在这里选择"I Accept the terms in license agreement"如果要取消安装，单击【Cancel】按钮；如果要返回到上一步，单击【Back】按钮。

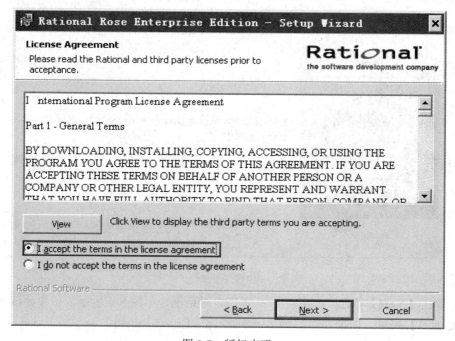

图 8-7　版权声明

(9) 单击【Next】按钮，打开"目标文件夹"对话框，如图 8-8 所示。单击【Change】可改变程序安装路径；如果要取消安装单击【Cancel】按钮；如果要返回到上一步，单击【Back】按钮。

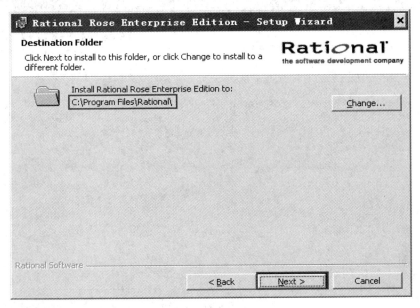

图 8-8　目标文件夹

(10) 单击【Next】按钮，打开"自定义安装"对话框，如图 8-9 所示。在这里可以选择要安装的项目；如果要查看磁盘空间，单击【Space】按钮；如果要取消安装单击【Cancel】按钮；如果要返回到上一步，单击【Back】按钮。

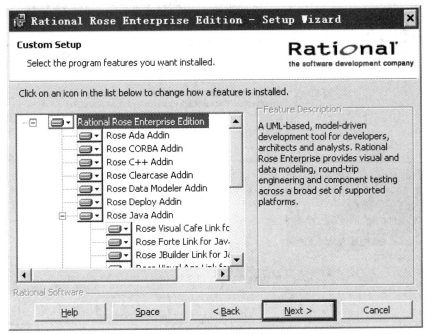

图 8-9　自定义安装

(11) 单击【Next】按钮，打开"准备安装"对话框，如图 8-10 所示。如果要取消安装单击【Cancel】按钮；如果要返回到上一步，单击【Back】按钮。

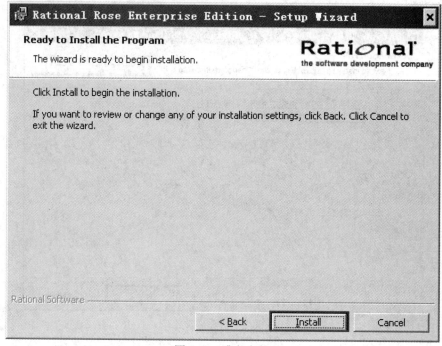

图 8-10　准备安装

(12) 安装完成后，打开"完成安装"对话框，如图 8-11 所示。单击【Finish】按钮完成 Rational Rose2003 的安装。

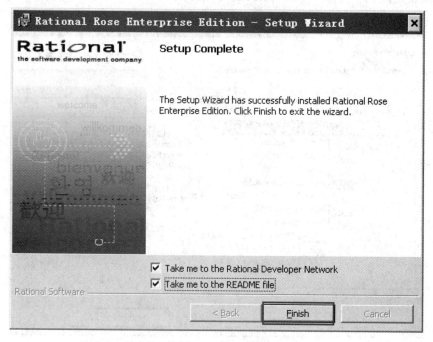

图 8-11　安装完成

任务二 Rational Rose 的设置

Rational Rose2003 安装完成后以后，如果要进行配置，可以通过依次选择主菜单中的
【Tools】--【Options】菜单，打开全局设置对话框。

一、常规设置

在 Rose 全局设置对话框中选择【General】选项卡，可以完成默认字体、默认颜色、
布局等常规选择设置，如图 8-12 所示。

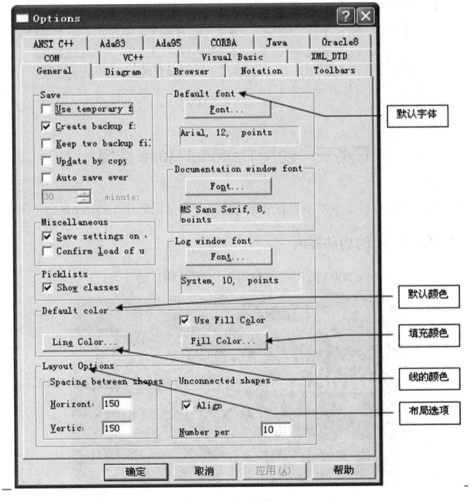

图 8-12 常规设置

如果要设置文档窗口字体、日志窗口字体和默认字体，选择对应的【Font】按钮进行
设置；如果要设置线条颜色，选择【Line Color】按钮；如果要设置填充颜色，选择【Fill Color】
按钮进行设置；如果要设置保存时的选项，改变【Save】中的选项；如果要设置元素布局

的选项，改变【Layout Options】中的选项。

二、其他设置

在【Options】菜单中，除了进行常规设置以外，还可以改变图形元素、浏览器和对应语言等其他设置。如图 8-13 所示。

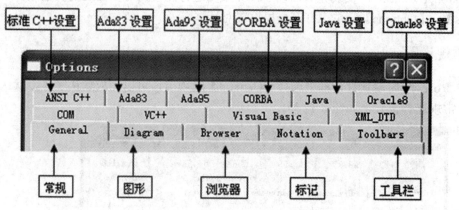

图 8-13　其他设置

任务三　使用 Rational Rose 建模

掌握Rational Rose的基本界面内容能够有效地帮助使用Rational Rose来创建图形。

一、Rational Rose 的启动界面

在启动 Rational Rose 2003 后，出现如图 8-14 所示的启动界面。

图 8-14　Rational Rose 2003 的启动界面

启动界面消失后，将弹出 Rational Rose 2003 的主界面，以及在主界面前弹出的用来设置启动选项的对话框，该对话框如图 8-15 所示。在对话框中，有三个可供选择的选项卡，分别为【New】(新建)、【Existing】(打开)、【Recent】(最近使用的模型)。

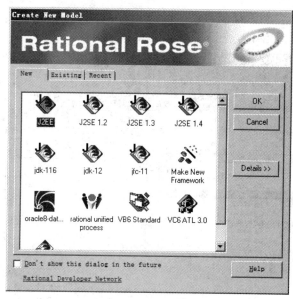

图 8-15　新建模型对话框

在【New】(新建)选项卡中可以选择创建模型的模板，其中有一个选项，Make New Framework(创建新的框架)比较特殊，它用于创建一个新的模板，当选择 Make New Framework(创建新的框架)后，单击【OK】按钮，进入如图 8-16 所示的创建模板界面。

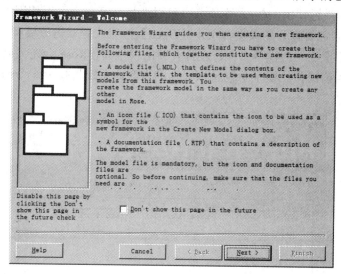

图 8-16　创建新的模板

在使用这些模板前，先要确定创建模型的目标与结构，从而能够选择一个与将要创建的模型的目标与结构相一致的模板，然后使用该模板定义一系列模型元素，对待创建的模型进行初始化构建。如果需要查看该模板的描述信息，可以在选中此模板后单击【Detail】按钮进行查看。如果只是想创建一些模型，这些模型不具体使用那些模板，这个时候可以单击【Cancel】按钮进行取消即可。

在【Existing】(打开)选项中可以打开一个已存在的模型，如图 8-17 所示。在对话框左侧的列表中逐级找到该模型所在的目录，然后从右侧的列表中选中该模型并单击【Open】

(打开)按钮。在打开一个新的模型前，应保存并关闭正在工作的模型，当然在打开已经存在模型时也会出现请保存当前正在工作的模型的提示。

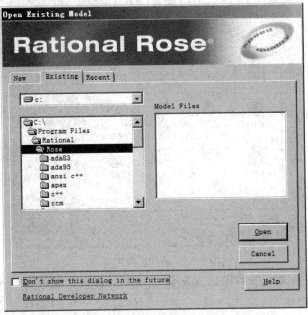

图 8-17　打开已存在模型

在【Recent】(最近使用的模型)选项卡中可以选择打开一个最近使用过的模型文件，如图 8-18 所示。选中需要打开的模型并单击【Open】按钮或者双击该模型文件的图标即可。如果当前已经有正在工作的模型文件，在打开新的模型前，Rose 会先关闭当前正在工作的模型文件。如果当前工作的模型中包含未保存的内容，系统将弹出一个询问是否保存当前模型的对话框。

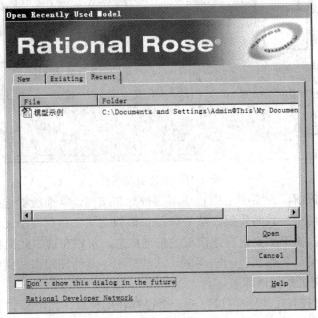

图 8-18　打开最近使用的模型文件

二、Rational Rose 的主界面

Rational Rose 2003 的主界面如图 8-19 所示。

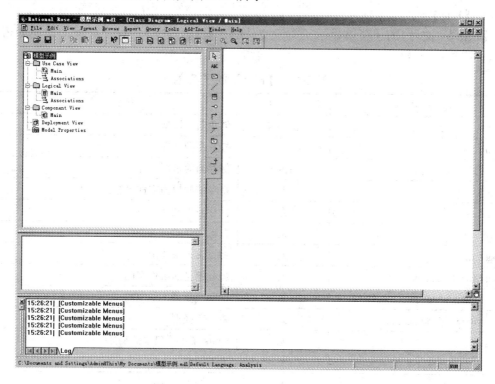

图 8-19　Rational Rose 2003 的主界面

由图 8-19 可以看出，Rational Rose 2003 的主界面主要由标题栏、菜单栏、工具栏工作区和状态栏构成。

1. 标题栏

标题栏可以显示当前正在工作的模型文件名称，如图 8-20 所示，模型的名称为"模型示例"。对于刚刚新建还未被保存的模型名称使用"untitled"表示。除此之外，标题栏还可以显示当前正在编辑的图的名称和位置，如"Class Diagram：logical View/Main"代表的是在 Logical View(逻辑视图)下创建的名为"Main"的 Class Diagram(类图)。

图 8-20　标题栏示例

2. 菜单栏

在菜单栏中包含了所有在 Rational Rose 2003 中可以进行的操作，一级菜单共有 11 项，分别是【File】(文件)、【Edit】(编辑)、【View】(视图)、【Format】(格式)、【Browse】(浏览)、【Report】(报告)、【Query】(查询)、【Tools】(工具)、【Add-Ins】(插件)、【Window】(窗口)和【Help】(帮助)，如图 8-21 所示。

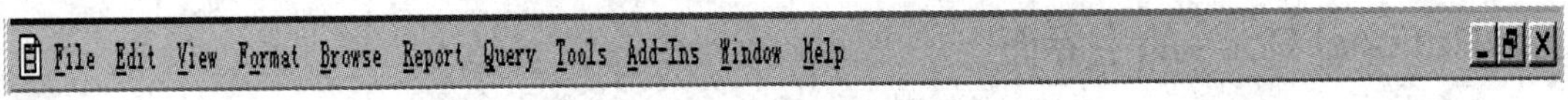

图 8-21　菜单栏示例

1)【File】

【File】(文件)的子菜单显示了关于文件的一些操作内容，对子菜单的说明如表8-1所示。

表 8-1　【File】的子菜单

菜 单 名 称	快捷键	用　　途
New	Ctrl+N	创建新的模型
Open	Ctrl+O	打开模型文件
Save	Ctrl+S	保存当前模型文件
Save As	无	将当前的模型文件另存到其他文件中
Save Log As	无	保存日志文件
AutoSave Log	无	自动保存的日志文件
Clear Log	无	将日志记录清空
Load Model workspace	无	加载模型的工作空间
Save Model Workspace	无	保存模型的工作空间
Save Model Workspace As	无	将当前模型的工作空间另存为
Units	无	Units 菜单下包含的功能
Import	无	导入模型
Export Model	无	导出模型
Update	无	更新模型
Print	Ctrl+P	打印当前的图
Page Setup	无	打印设置
Edit Path Map	无	设置虚拟路径映射
Exit	无	退出

其中【Units】的子菜单包含关于 Uints 的相关操作，如表 8-2 所示。

表 8-2　【Units】的子菜单

菜 单 名 称	用　　途
Load	加载
Save	保存
Save As	另存为
Unload	卸载
Control	控制
Uncontrol	放弃控制
Write Protection	写保护
CM	CM 的子菜单内容如表 8-3 所示

表 8-2 中的【CM】的子菜单的说明如表 8-3 所示。

表 8-3 【CM】的子菜单

菜 单 名 称	用 途
Add to Version Control	将模型元素加入到版本控制中
Remove From Version Control	将模型元素从版本控制中删除
Start Version Control Explorer	启动 Rational Rose 的版本控制系统
Get Latest	获取模型元素的最新版本
Check Out	将模型签出
Check In	将模型签入
Undo Check Out	撤销上次的签出操作
File Properties	显示模型元素的描述信息
File History	显示模型元素的版本控制信息
Version Control Option	版本控制选项
About Rational Rose Version Control Integration	显示 Rational Rose 2003 的版本控制信息

2)【Edit】

【Edit】(编辑)的子菜单用于对各种图进行编辑操作，并且它的子菜单会根据图的不同有所不同，但是还会有一些相同的选项，如表 8-4 所示。不同的选项如表 8-5 所示。

表 8-4 【Edit】菜单下共有的子菜单

菜 单 名 称	快捷键	用 途
undo	Ctrl+Z	撤销前一次操作
Redo	Ctrl+Y	重做前一次操作
Cut	Ctrl+X	剪切
Copy	Ctrl+C	复制
Paste	Ctrl+V	粘贴
Delete	Del	删除
Select All	Ctrl+A	全选
Delete from Model	Ctrl+D	删除模型元素
Find	Ctrl+F	查找
Reassign	无	重新指定模型元素

表 8-5　【Edit】下不同图的子菜单

图	菜单名称	子 菜 单	用　途
Class Diagram（类图）、Use Case Diagram（用例图）	Relocate	无	对模型元素进行重新部署
	Compartment	无	编辑模块
	Change Info	Class	更改类
		Parameterized Class	更改参数化的类
		Instantiated Class	更改实例化的类
		ClassUtility	更改使用类
		Parameterized Class Utility	更改参数化的使用类
		Uses Dependency	更改依赖关系
		Generalization	更改泛化关系
		Instantiates	更改实例化关系
		Association	更改关联关系
		Realize	更改实现关系
Component Diagram（构件图）	Relocate	无	对模块元素进行重新部署
	Compartment	无	编辑模块
	Change Info	Subprogram specification	更改子系统规范
		Subprogram body	更改子系统
		Generic subprogram	更改虚子系统
		Main Program	更改主程序
		Package specification	更改包的规范
		Package specification	更改包的规范
		Package body	更改包
		Task specification	更改工作规范
		Task body	更改工作体
Deployment Diagram（部署图）	Relocate	无	对模型元素进行重新部署
	Compartment	无	编辑模块
Sequence Diagram（序列图）	Attach Script	无	添加脚本
	Detach Script	无	删除脚本
Collaboration Diagram（协作图）	Compartment	无	编辑模块
Statechart Diagram（状态图）	Compartment	无	编辑模块
	Change Info	State	将活动转变为状态
		Activate	将状态转变为活动
Activate Diagram（活动图）	Relocate	无	对模型元素进行重新部署
	Compartment	无	编辑模块
	Change Info	State	将活动转变为状态
		Activate	将状态转变为活动

3) 【View】

【View】(视图)的子菜单用于处理窗口显示的操作，其内容如表 8-6 所示。

表 8-6 【View】(视图)的子菜单内容

菜 单 内 容	子菜单	快捷键	用 途
Toolbars	Standard	无	显示或隐藏标准工具栏
	Toolbars	无	显示或隐藏图形编辑区的工具栏
	Configure	无	定制工具栏
Status Bar	无	无	显示或隐藏状态栏
Documentation	无	无	显示或隐藏文档区域
Browser	无	无	显示或隐藏浏览框
Log	无	无	显示或隐藏日志区
Editor	无	无	显示或隐藏编辑器
Time Stamp	无	无	显示或隐藏时间戳
Zoom to Selection	无	Ctrl+M	居中显示
Zoom In	无	Ctrl+I	放大
Zoom Out	无	Ctrl+U	缩小
Fit in Window	无	Ctrl+W	按窗口比例显示
Undo Fit In Window	无	无	撤销按窗口比例显示
Page Breaks	无	无	显示或隐藏页边
Refresh	无	F2	刷新
As Booch	无	Ctrl+Alt+B	使用Booch符号表示模型
As OMT	无	Ctrl+Alt+O	使用OMT表示模型
As Unified	无	Ctrl+Alt+U	使用UML表示模型

4) 【Format】

【Format】(格式)的子菜单用于进行字体等显示样式的设置，其内容如表 8-7 所示。

表 8-7 【Format】(格式)下的子菜单内容

菜 单 名 称	子菜单	用 途
Font Size	8	设置字体为 8 号字
	10	设置字体为 10 号字
	12	设置字体为 12 号字
	14	设置字体为 14 号字
	16	设置字体为 16 号字
	18	设置字体为 18 号字
Font	无	设置字体
Line Color	无	设置线的颜色
Fill Color	无	设置图标颜色
Use Fill Color	无	使用设置的图标颜色

续表

菜 单 名 称	子菜单	用 途
Automatic Resize	无	自动调节大小
Stereotype Display	None	设置空的构造型
	Label	设置构造型的显示为标签
	Decoration	设置构造型的显示带注释
	Icon	设置构造型的显示为图标
Stereotype Label	无	显示构造型的标签
Show Visibility	无	显示类的访问类型
Show Compartment Stereotype	无	显示构造型的属性和操作
Show Operation signature	无	显示操作的声明
Show All Attributes	无	显示所有属性
Show All Operations	无	显示所有操作
Show All Columns	无	显示图中关于表的所有列(在 Use case Diagram 和 Class Diagram 中不显示)
Show All Triggers	无	显示图中关于表的所有触发器(在 Use case Diagram 和 Class Diagram 中不显示)
Suppress Attributes	无	禁止显示类的属性
Suppress Operation	无	禁止显示类的操作
Suppress Columns	无	禁止显示图中关于表的所有列(在 Use case Diagram 和 Class Diagram 中不显示)
Suppress Triggers	无	禁止显示图中关于表的所有触发器(在 Use case Diagram 和 Class Diagram 中不显示)
Line Style	Rectilinear	垂线样式(Collaboration Diagram 中不显示)
	Oblique	斜体样式(Collaboration Diagram 中不显示)
	Toggle	折线样式(Collaboration Diagram 中不显示)
Layout Diagram	无	根据设置重新排列图中所有的图形(Sequence Diagram 和 Collaboration Diagram 中不显示)
Autosize All	无	自动调节大小(Component Diagram 和 Deployment Diagram 中不显示)
Layout Selected Shapes	无	根据设置重新排列选中图形(Sequence Diagram 和 Collaboration Diagram 中不显示)

5) 【Browse】

【Browse】(浏览)的子菜单和【Edit】(编辑)的子菜单类似，根据不同的图可以显示不同的内容，共有的菜单内容如表 8-8 所示。根据不同图显示的不同菜单如表 8-9 所示。

表 8-8 【Browse】(浏览)下的共有菜单内容

菜 单 名 称	快捷键	用 途
Use Case Diagram	无	查看用例图
Class Diagram	无	查看类图
Component Diagram	无	查看构件图
Deployment Diagram	无	查看部署图
Interaction Diagram	无	查看交互图
State Machine Diagram	Ctrl+T	查看状态机
Expand	Ctrl+E	将选中的包展开
Parent	无	查看父图
Specification	Ctrl+B	查看模型元素规范
Top Level	无	查看顶层图
Referenced Item	Ctrl+R	查看选中的内容相关的信息
Previous Diagram	F3	浏览前一个图

表 8-9 【Browse】(浏览)下不同图的不同菜单内容

图	菜 单 名 称	快捷键	用 途
Use Case Diagram(用例图)、Class Diagram(类图)	Create Message Trace Diagram	F5	创建消息的跟踪图
Sequence Diagram(序列图)	Create Collaboration Diagram	F5	根据序列图信息创建协作图
Collaboration Diagram(协作图)	Create Sequence Diagram	F5	根据协作图信息创建序列图

6) 【Report】

【Report】(报告)的子菜单显示了关于模型元素在使用过程中的一些信息,如表 8-10 所示。

表 8-10 【Report】(报告)的子菜单内容

菜 单 名 称	用 途
Show Usage	显示选中项目被使用的地方
Show Participants in UC	显示用例中所有参与者的列表
Show Instances	显示关于类的实例化信息(在Use Case Diagram和Class Diagram中显示)
Show Access Violations	显示类之间拒绝访问列表(在Use Case Diagram和Class Diagram中显示)
Show Unresolved Object	显示所选项目中没有类的对象信息(在Sequence Diagram和Collaboration Diagram中显示)
Show Unresolved Messages	显示所选项目中未解决的消息列表(在Use Case Diagram和 Class Diagram中显示)

7) 【Query】

【Query】(查询)的子菜单显示了关于图的操作信息，如表 8-11 所示，在 Sequence Diagram(序列图)、Collaboration Diagram(协作图)和 Deployment Diagram(部署图)中没有 Query(查询)的菜单选项。

表 8-11　【Query】(查询)的子菜单内容

图	菜单名称	用途
Use Case Diagram(用例图)、Class Diagram(类图)	Add Class	添加类
	Add Use Case	添加用例
	Expand Selected Elements	展开所选元素
	Hide Selected Element	隐藏所选元素
	Filter Relationships	过滤关系
statechart Diagram (状态图)、Activate Diagram (交互图)	Add Elements	添加元素
	Expand selected Elements	展开所选元素
	Hide Selected Elements	隐藏所选元素
	Filter Transitions	过滤转换
Component Diagram (构件图)	Add Components	添加构件
	Add Interface	添加接口
	Expand Selected Elements	展开所选元素
	Hide Selected Element	隐藏所选元素
	Filter Relationships	过滤关系

8) 【Tools】

【Tools】(工具)的子菜单显示了各种插件工具的使用，如表 8-12 所示。

表 8-12　【Tools】(工具)的子菜单内容

菜单名称	子菜单	次级菜单	用途
Create	根据图的不同，菜单选项包含不同的内容，如表8-13所示	见表8-13	创建各种图形或元素
Check Model	无	无	校验模型
Model Properties	Edit	无	编辑模型
	View	无	显示模型
	Replace	无	替代模型
	Export	无	导出模型
	Add	无	添加新的模型
	Update	无	更新模型
Options	无	无	定制 Rational Rose 设置
Open Script	无	无	打开脚本
New Script	无	无	创建脚本

续表一

菜单名称	子 菜 单	次级菜单	用　　途
ANSI C++	Open ANSI C++ Specification	无	打开 ANSI C++规范
	Browse Header	无	浏览 ANSI C++标题
	Browse Body	无	浏览 ANSI C++内容
	Reverse Engineer	无	逆向工程，由 ANSI C++代码生成模型
	Generate Code	无	由模型生成 ANSI C++代码
	Class Customization	无	定制 ANSI C++中的类
	Preferences	无	定制 ANSI C++中的参数
	Convert From Classic C++	无	从 Classic C++转化为 ANSI C++
Ada83	Code Generation	无	代码生成
	Browse Spec	无	浏览 Ada83 说明
	Browse Body	无	浏览 Ada83 内容
Ada95	Code Generation	无	代码生成
	Browse Spec	无	浏览 Ada95 说明
	Browse Body	无	浏览 Ada95 内容
CORBA	Project Specifications	无	编辑工程规范
	Syntax Check	无	语法检查
	Browse CORBA Source	无	浏览 CORBA 代码
	Reverse Engineer CORBA	无	逆向工程，由 CORBA 生成模型
	Generate Code	无	生成 CORBA 代码
J2EE Deploy	Deploy	无	配置 J2EE
Java/J2EE	Project Specification	无	项目规范
	Syntax Check	无	语法检查
	Edit Code	无	编辑代码
	Generate Code	无	由模型生成代码
	Reverse Engineer	无	逆向工程，由代码生成模型
	Check In	无	签入
	Check Out	无	签出
	Undo Check Out	无	撤销签出
	Use Source Code Explorer	无	使用源代码控制器
	New EJB	无	创建 EJB
	New Servlet	无	创建 Servlet
	Generate EJB-JAR File	无	生成 EJB-JAR 文件
	Generate WAR File	无	生成 WAR 文件

续表二

菜单名称	子菜单	次级菜单	用途
Oracle 8	Data Type Creation Wizard	无	创建数据类型导航
	Ordering Wizard	无	更改顺序导航
	Edit Foreign Keys	无	编辑外键
	Analyze Schema	无	分析图表
	Schema Generation	无	生成图表
	Syntax Check	无	语法检查
	Reports	无	生成报告
	Import Oracle 8 Data Types	无	导入数据类型
Quality Architect	Console	无	打开控制台
	Unit Test	Generate Unit Test	生成单元测试
		Select Unit Test Template	选择单元测试模板
		Create/Edit Datapool	创建/编辑数据池
	Stubs	Generate stub	生成存根
		Create/Edit Look-up Table	创建/编辑查询表
	Scenario Test	Generate Scenario Test	生成情景测试
		Select Scenario Test	选择情景测试
	Online Manual	无	在线手册
Model Integrator		无	模型集成器
Web Publisher		无	Web 模型发布
TOPLink		无	TOPLink 转换
COM	Properties	无	定制 COM 属性
	Import Type Library	无	导入类型库
Visual C++	Model Assistant	无	Visual C++模型助手
	Component Assignment Tool	无	Visual C++构件分配工具
	Update Code	无	更新代码
	Update Model from Code	无	更新模型
	Class wizard	无	创建类的导航
	Undo Last Code Update	无	撤销上次代码更新操作
	COM	New ATL Object	创建 ATL 对象
		Implement interface	实现接口
		Module Dependency Properties	设置模块依赖选项
		How DO I	介绍如何实现 COM 中的类

续表三

菜单名称	子 菜 单	次级菜单	用 途
Visual C++	Quick Import ATL 3.0	无	将 ATL 3.0 的类导入模型
	Quick Import MFC 6.0	无	将 MFC 6.0 的类导入模型
	Model Converter	无	模型转化成相应代码
	Frequently Asked Questions	无	帮助
	Properties	无	设置 Visual C++选项
Version Control	Add to Version Control	无	加入版本控制系统
	Remove From Version Control	无	从版本控制系统中删除
	Start Version Control Explorer	无	启动版本控制系统
	Check In	无	将文件签入
	Check Out	无	将文件签出
	Undo Check Out	无	取消上次的签出操作
	Get Latest	无	获取最新版本
	File Properties	无	文件信息
	File History	无	文件历史信息
	Version Control Options	无	版本控制选项
	About Rational Rose Version Control Integration	无	显示 Rational Rose 的版本控制信息
Visual Basic	Model Assistant	无	Visual Basic 建模助手
	Component Assignment Tool	无	构件管理工具
	Update Code	无	代码更新工具
	Update Model from Code	无	根据代码生成模型
	Class Wizard	无	创建类导航
	Add Reference	无	添加引用
	Browse Source Code	无	浏览源代码
	Properties	无	设置选项
Web Modeler	User Preference	无	设置用户参数
	Reverse Engineer a NewWeb Application	无	逆向生成一个 Web 程序
XML_DTD	Project Specification	无	编辑工程规范
	Syntax Check	无	语法检查
	Browse XML_DTD Resource	无	浏览 XML_DTD 资源
	Reverse Engineer XML_DTD	无	逆向生成模型
	Generate Code	无	生成代码
Class Wizard		无	创建类导航

在不同的图中【Create】可以显示不同的子菜单，其子菜单内容如表 8-13 所示。

表 8-13　【Create】(新建)下根据不同图显示不同的子菜单内容

图	菜 单 名 称	用　途
Use Case Diagram(用例图)、 Class Diagram(类图)	Text	创建新文本
	Note	创建注释
	Note Anchor	创建注释超链接
	Class	创建类
	Parameterized Class	创建含参数的类
	Interface	创建接口
	Actor	创建参与者
	Use Case	创建用例
	Association	创建关联
	Unidirectional Association	创建单向关联
	Aggregation	创建聚合关系
	Unidirectional Aggregation	创建单向聚合关系
	Associate Class	创建关联类
	Generation	创建泛化关系
	Dependency or Instantiates	创建依赖或实例
	Realize	创建实现关系
	Package	创建包
	Instantiated Class	创建实例化类
	Class Utility	创建使用类
	Parameterized Class Utility	创建参数化的使用类
	Instantiated Class Utility	创建实例化的使用类
Sequence Diagram(序列图)	Text	创建新文本
	Note	创建注释
	Note Anchor	创建注释超链接
	Object	创建对象
	Message	创建消息
	Message To Self	创建自身消息
Collaboration Diagram（协作图）	Text	创建新文本
	Note	创建注释
	Note Anchor	创建注释超链接
	Object	创建对象
	Class Instance	创建类实例
	Object Link	创建对象连接
	Link to Self	创建自身链接
	Message	创建消息
	Reverse Message	创建反向消息
	Data Token	创建数据标记
	Reverse Data Token	创建反向数据标记

图	菜 单 名 称	用 途
statechart Diagram（状态图）、Activate Diagram（活动图）	Text	创建新文本
	Note	创建注释
	Note Anchor	创建注释超链接
	State	创建状态
	Activity	创建活动
	Start State	创建开始状态
	End State	创建结束状态
	Transition	创建转换
	Transition to Self	创建自身转换
	Horizontal Synchronization Bar	创建水平同步栏
	Vertical Synchronization Bar	创建垂直同步栏
	Decision	创建决定
	Swimlane	创建泳道
	Object	创建对象
Component Diagram（构件图）	Text	创建新文本
	Note	创建注释
	Note Anchor	创建注释超链接
	Component	创建构件
	Dependency	创建依赖关系
	Package	创建包
	Subprogram specification	创建子程序规范
	Subprogram body	创建子程序主体
	Generic subprogrsm	创建虚子程序
	Main program	创建主程序
	Package specification	创建包的规范
	Package body	创建包的内容
	Generic package	创建虚包
	Task specification	创建任务规范
	Task body	创建任务内容
Deployment Diagram（部署图）	Text	创建新文本
	Note	创建注释
	Note Anchor	创建注释超链接
	Processor	创建处理器
	Device	创建设备
	Connection	创建链接

9) 【Add-Ins】

【Add-Ins】(插件)的子菜单只有一个，即【Add-In Manager】，用于对附加工具的插件进行管理，并标明这些插件是否有效。很多外部的产品都对 Rational Rose 2003 提供了"Add-In"支持，用来对 Rose 的功能进行进一步扩展，如 Java、Oracle 或者 C#等，有了这些"Add-In"，Rational Rose 2003 就可以进行更多深层次的工作了。例如，在安装了 C#的相关插件后，Rational Rose 2003 就可以直接生成 C#的框架代码，也可以从 C#代码转换成 Rational Rose 2003 模型，并进行两者的同步操作。

10) 【Window】

【Window】(窗口)的子菜单和大多数应用程序相同，是对编辑区域窗口的操作，如表 8-14 所示。

表 8-14　【Window】(窗口)的子菜单内容

菜 单 名 称	用 途
Casade	将编辑区窗口重叠
Title	将编辑区窗口平铺
Arrange Icons	将编辑区按照图标排列

11) 【Help】

【Help】(帮助)的子菜单内容也和大多数应用程序相同，包含了系统的帮助信息，如表 8-15 所示。

表 8-15　Help(帮助)的子菜单内容

菜 单 名 称	子菜单	用 途
Contents and Index	无	显示帮助文档的列表
Search for Help On	无	搜索指定帮助主体
Using Help	无	查看帮助
Extended Help	无	扩展帮助
Contacting Technical Support	无	联系技术支持
Rational on the Web	Rational Home Page	Rational 主页
	Rose Home Page	Rose 主页
	Technical Support	技术支持主页
Rational Developer Network	无	Rational 开发者网站
About Rational Rose	无	Rational Rose 产品信息

3. 工具栏

在 Rational Rose 2003 中工具栏的形式有两种，分别是：标准工具栏和编辑区工具栏。标准工具栏在任何图中都可以使用，因此在任何图中都会显示，其默认的标准工具栏中的内容如图 8-22 所示，标准工具栏中每个选项的具体操作的详细说明如表 8-16 所示；编辑区工具栏是根据不同的图形而设置的具有绘制不同图形元素内容的工具栏，显示时位于图

形编辑区的左侧，也可以通过选择【View】|【Toolbars】命令来定制是否显示标准工具栏和编辑区工具栏。

图 8-22　标准工具栏

表 8-16　【File】的子菜单

图　　标	Tips	用　　途
	Create New Model or File	创建新的模型或文件
	Open Existing Model or File	打开模型文件
	Save Model , File or Script	保存模型、文件或脚本
	Cut	剪切
	Copy	复制
	Paste	粘贴
	Print	打印
	Context Sensitive Help	帮助文件
	View Documentation	显示或隐藏文档区域
	Browse Class Diagram	浏览类图
	Browse Interaction Diagram	浏览交互图
	Browse Component Diagram	浏览构件图
	Browse State Machine Diagram	浏览状态图
	Browse Deployment Diagram	浏览部署图
	Browse Parent	浏览父图
	Browse Previous Diagram	浏览前一个图形
	Zoom In	放大
	Zoom Out	缩小
	Fit in Window	适合窗口大小
	Undo Fit In Window	撤销适合窗口大小操作

对于标准工具栏和编辑区工具栏，也可以通过菜单中的选项进行定制。选择【Tools】|【Options】命令，弹出个对话框，打开【Toolbars】(工具栏)选项卡，如图 8-23 所示。

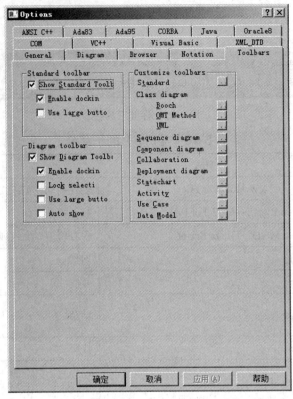

图 8-23　定制工具栏

在"Standard toolbar"(标准工具栏)选项组中可以选择显示或隐藏标准工具栏,或者设置工具栏中的选项是否使用大图标。

在"Diagram toolbar"(图形编辑工具栏)选项组中可以选择是否显示编辑区工具栏,以及编辑区工具栏的显示样式,如是否使用大图标或小图标、是否自动显示或锁定等。

在"Customize toolbars"(定制工具栏)选项组中可以根据具体情况定制标准工具栏和图形编辑工具栏的详细信息。定制标准工具栏时,可以单击位于"Standard"(标准)选项右侧的按钮,弹出如图 8-24 所示的对话框。在该对话框中可以将左侧的选项添加到右侧的列表框中,这样在标准工具栏中就会显示,当然也可以通过这种方式删除标准工具栏中不用的信息。对于各种图形编辑工具栏的定制,可以单击位于该图右侧的按钮,弹出关于该图形定制的对话框,如图 8-25 所示为定制"Deployment diagram"编辑区工具栏对话框,在该对话框中可以添加或删除在编辑区工具栏中显示的信息。

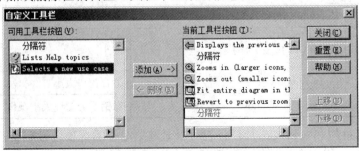

图 8-24　图 A-30 定制标准工具栏

图 8-25　定制编辑区工具栏

4．工作区

工作区由4部分构成，分别为浏览器、文档区、编辑区和日志区。在工作区中可以方便地完成绘制各种UML图形的任务。

1) 浏览器和文档区

浏览器和文档区位于 Rational Rose 2003 工作区域的左侧，如图 8-26 所示。浏览器是一种树型的层次结构，可以迅速查找到各种图或者模型元素。在浏览器中默认创建了 4 个视图，分别是：Use Case View(用例视图)、Logical View(逻辑视图)、Component View(构件视图)和 Deployment View(部署视图)。在这些视图所在的包或者图下，可以创建不同的模型元素。

文档区用于对 Rational Rose 2003 中所创建的图或模型元素进行说明，如当对某一个图进行详细说明时，可以将该图的作用和范围等信息置于文档区，那么在浏览或选中该图时就会看到该图的说明信息，模型元素的文档信息也是相同。在类中加入文档信息，在生成代码后以注释的形式存在。

图 8-26　浏览器和文档区

2) 编辑区

编辑区位于 Rational Rose 2003 工作区域的右侧，如图 8-27 所示，用于对图进行编辑操作。编辑区包含了图形工具栏和图的编辑区域，在图的编辑区域中可以根据图形工具栏中的图形元素内容绘制相关信息。在图的编辑区域添加的相关模型元素会自动地在浏览器中添加，从而使浏览器和编辑区的信息保持同步，也可以将浏览器中的模型元素拖动到图形编辑区中进行添加。

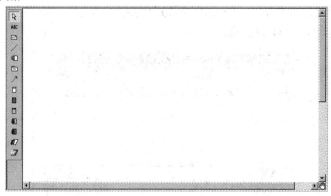

图 8-27　编辑区

3) 日志区

日志区位于 Rational Rose 2003 工作区域的下方，如图 8-28 所示。在日志区中记录了对模型的一些重要操作。

图 8-28　日志区

5. 状态栏

状态栏记录了对当前信息的提示和当前的一些描述信息，如帮助信息"For Help, press F1"以及当前使用的语言"Default Language : Analysis"等，如图 8-29 所示。

| For Help, press F1 | Default Language: Analysis | |

图 8-29　状态栏

三、Rational Rose 的使用

1. 创建模型

可以通过选择【File】|【New】命令来创建新的模型，也可以通过标准工具栏下的"新建"按钮□创建新的模型，这时便会弹出选择模板的对话框，选择想要使用的模板后单击【OK】(确定)按钮即可。如果使用模板，Rational Rose 2003 系统就会将模板的相关初始化信息添加到创建的模型中，这些初始化信息包含了一些包、类、构件和图等。也可以不使用模板，单击【Cancel】(取消)按钮即可，这个时候创建的是一个空的模型项目。

2. 保存模型

保存模型包括对模型内容的保存和对在创建模型过程中日志记录的保存。这些都可以通过菜单栏和工具栏来实现。

1) 保存模型内容

可以通过选择【File】|【Save】命令来保存新建的模型，也可以通过标准工具栏下的 ■ 按钮保存新建的模型，保存的 Rational Rose 模型文件的扩展名为".mdl"。在选择【File】|【Save】命令进行保存文件后，弹出如图 8-30 所示的对话框，可以在"文件名"文本框中设置 Rational Rose 模型文件的名称。

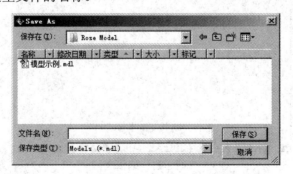

图 8-30　保存模型

2) 保存日志

可以通过选择【File】|【Save Log As】命令来保存日志，保存日志的对话框如图 8-31 所示。也可以通过【Auto Save Log】(自动保存日志)功能使系统在该文件中自动保存日志记录。

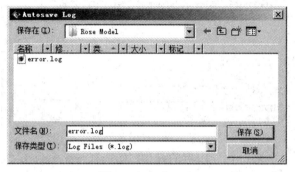

图 8-31 保存日志

3．导入模型

可以通过选择【File】|【Import Model】命令导入模型、包或类等，可供选择的文件类型包括".mdl"、".ptl"、".sub"或".cat"等，导入模型的对话框如图 8-32 所示。

图 8-32 导入模型

4．导出模型

可以通过选择【File】|【Export Model】命令导出模型，导出模型的对话框如图 8-33 所示，导出文件的后缀名为".ptl"。

图 8-33 导出模型

当选择一个具体的类时，如选择一个类名称为"Student"，然后可以通过选择【File】|
【Export Student】命令来导出"Student"类，弹出的导出类对话框如图 8-34 所示。

图 8-34　导出单个类

也可以利用导出模型来进行导出包的操作，如选择一个名称为"Utility Package"的包，
然后通过选择【File】|【Export UtilityPackage】命令进行导出"UtilityPackage"包的操作，
弹出的导出包的对话框如图 8-35 所示。

图 8-35　导出 UtilityPackage 包

5．发布模型

Rational Rose 2003 提供了将模型生成相关网页从而在网络上进行发布的功能，这样可
以方便系统模型的设计人员将系统的模型内容对其他开发人员进行说明。

发布模型的步骤如下：

(1) 选择【Tools】|【Web Publisher】命令，弹出如图 8-36 所示的对话框。

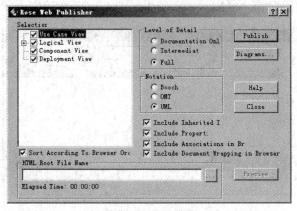

图 8-36　发布模型

(2) 在弹出的对话框的"Selection"列表框中进行发布的内容，包括相关模型视图或者包。在"Level of Detail"选项组中进行发布的细节级别设置，包括"Document Only"(仅发布文档)、"Intennediate"(中间级别)和"Full"(全部发布)。在"Notation"选项组中选择发布模型的类型，可供选择的有"Booch"、"OMT"和"UML"三种类型，可以根据实际需要选择合适的标记类型。在"HTML Root File Name"选项组中设置要发布的网页文件的根文件名称。

(3) 如果需要设置发布的模型生成的图片格式，可以单击【Diagrams】按钮，弹出如图 8-37 所示的时话框，有 4 个选项可供选择，分别是"Don't Publish Diagrams"(不要发布图)、"Windows Bitmaps"(BMP 格式)、"Portable Network Graphics"(PNG 格式)和"JPEG"(JPEG 格式)。"Don't Publish Diagrams"(不要发布图)是指不发布图像，仅包含文本内容。其余三种指的是发布的图形文件格式。

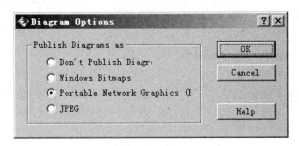

图 8-37　设置模型生成的图片格式

✦✦✦✦✦　习　　题　✦✦✦✦✦

1. 了解目前比较流行的 UML 建模工具。
2. 下载并在自己的电脑上安装 Ratinnal Rose 2003。

项目九　需求建模

本项目主要介绍应用 UML 进行软件系统需求建模的基本内容：用例模型的基本功能、用例图的组成、用例间的各种关系及识别和描述用例。

(1) 认识用例图的组成内容。

(2) 掌握用例图之间的关系。

(3) 描述软件系统中的用例。

使用 Rational Rose 建模工具绘制用例图，能够在系统中识别用例并描述用例。

任务一　认识用例模型

1992 年由 Jacobson 提出了 Use Case 的概念及可视化的表示方法——Use Case 图，受到了 IT 界的欢迎，被广泛应用到了面向对象的系统分析中。用例驱动的系统分析与设计方法已成为面向对象的系统分析与设计方法的主流。

用例模型由 Jacobson 在开发 AXE 系统中首先使用，并加入由他所倡导的 OOSE 和 Objectory 方法中。用例方法引起了面向对象领域的极大关注。自 1994 年 Jacobson 的著作出版后，面向对象领域已广泛接纳了用例这一概念，并认为它是第二代面向对象技术的标志。

一、用例模型概述

用例模型是软件系统模型的核心，用例图用于描述系统的功能需求，在宏观上给出模型的总体轮廓。通过对典型用例的分析，使开发者能够有效地了解用户的需求。用例就是从功能的角度来描述系统。通常情况下在系统需求分析阶段通过用例来描述参与者是如何使用系统的，因此用例建模通常也称为需求建模。

1. 用例模型的功能

用例模型是把应满足用户需求的基本功能(集)聚合起来表示的强大工具。

对于正在构造的新系统，用例描述该系统应该做什么；对于已构造完毕的系统，用例则反映了系统能够完成什么样的功能。

构建用例模型是通过系统开发者与系统的客户(或最终使用者)共同协商完成的，他们要反复讨论需求的规格说明，达成共识，明确系统的基本功能，为后阶段的工作打下基础。

另外，系统开发过程中涉及的各种不同的人员都可以从用例模型中受益：客户使用用例模型，因为它详细说明了系统应有的功能且描述了系统的使用方法，这样当客户选择执行某个操作之前，就能知道模型工作起来是否与他的愿望相符合；开发者使用它，因为它帮助开发者理解系统应该完成些什么工作，为其将来的开发工作奠定基础；系统集成和测试人员使用它，因为它可用于验证被测试的实际系统与其用例图中说明的功能是否一致；其他人员包括市场、销售、技术支持和文档管理这些方面的人员也同样关心用例模型。

2．用例模型的基本组成

用例模型的基本组成部件是用例、参与者和系统。用例用于描述系统的功能，也就是从外部用户的角度观察系统应具备哪些功能，帮助分析人员理解系统的行为，它是对系统功能的宏观描述。一个完整的系统中通常包含若干个用例，每个用例具体说明应完成的功能，代表系统的所有基本功能(集)。

参与者是与系统进行交互的外部实体，它可以是系统用户，也可以是其他系统或硬件设备，总之，凡是需要与系统交互的任何对象都可以称作参与者。系统的边界线以内的区域(即用例的活动区域)则抽象表示系统能够实现的所有基本功能。

在用例模型中，系统仿佛是实现各种用例的"黑盒子"，我们只关心该系统实现了哪些功能，并不关心内部的具体实现细节。

3．引用用例的目的

(1) 确定系统应具备哪些功能，这些功能是否满足系统的需求(开发者与用户协商达成共识的内容)。

(2) 为系统的功能提供清晰一致的描述，以便为后续的开发工作打下良好的交流基础，方便开发人员传递需求的功能。

(3) 为系统验证工作打下基础。通过验证最终实现的系统能够执行的功能是否与最初需求的功能相一致，保证系统的实用性。

二、用例图组成

UML 用例图是非常有用的一种图，在软件开发中的需求分析阶段，可以让人们从繁重的文档中解脱出来，并且促使人们在做需求时能够更加准确、直观地表达自己的意思。用例模型是用例图描述的，用例模型可以由若干个用例图组成。用例图中包含系统、参与者和用例等三种模型元素。绘制用例图时既要画出三种模型元素，同时还要画出元素之间的各种关系。

1．参与者

1) 什么是参与者

参与者不是特指人，是指系统以外的，在使用系统或与系统交互中所扮演的角色。因此参与者可以是人，可以是事物，也可以是时间或其他系统等等。参与者在画图中用简笔人物画来表示，人物下面附上参与者的名称(见图 9-1)。

图标(Icon)形式　　　　　标签(Label)形式　　　　装饰(Decoration)形式

图 9-1　参与者的表达方式

2) 识别参与者

- 使用系统主要功能的人是谁(即主要角色)?
- 需要借助于系统完成日常工作的人是谁?
- 谁来维护和管理系统(次要角色)，保证系统正常工作?
- 系统控制的硬件设备有哪些?
- 系统需要与哪些其他系统交互? 其他系统包括计算机系统，也包括该系统将要使用的计算机中的其他应用软件。其他系统也分成二类，一类是启动该系统的系统，另一类是该系统要使用的系统。
- 对系统产生的结果感兴趣的人或事是哪些?

在确定具体参与者时，可以通过以下一些常见的问题来帮助分析：谁使用这个系统、谁安装这个系统、谁启动这个系统、谁维护这个系统、谁关闭这个系统、谁也能使用这个系统、谁从这个系统获取信息、谁为这个系统提供信息、是否有事情自动在预计的时间发生(说明有定时器)、系统是否需要与外部实体交互以帮助自己完成任务。一旦参与者被标识出来后，需求获取的下一步活动决定了每一个参与者将访问的功能。

3) 参与者之间的关系

参与者是一种类，因此可以将参与者之间的关系进行泛化。通过参与者泛化可以简化模型，使模型更简洁。

例如，在软件系统开发过程中，系统分析师(子类)和项目经理(子类)都属于系统设计师(父类)，他们都能承担系统设计师的工作。用 UML 图表示他们之间的关系，如图 9-2 所示。

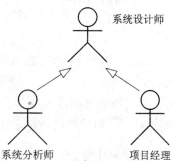

图 9-2　参与者之间的关系

2. 系统

系统是用例模型的一个组成部分，代表的是一部机器或一个商务活动等，而并不是真正实现的软件系统。系统的边界用来说明构建的用例模型的应用范围，比如一台自助式售货机(被看做系统)应提供售货、供货、提取销售款等功能，这些功能在自动售货机之内的区域起作用，自动售货机之外的情况不考虑。准确定义系统的边界并不是十分容易的事，因为严格划分哪种任务最好由系统自动实现，哪种任务由其他系统或人工实现是很困难的，另外，系统最初的规模应有多大也应该考虑。一般做法是，先识别出系统的基本功能(集)，然后以此为基础定义一个稳定的、精确定义的系统架构，以后再不断地扩充系统功能，逐步完善。这样做的好处在于避免了一开始系统太大，需求分析不易明确，从而导致浪费大量开发时间的情况。

用例图中的系统用一个长方框表示，系统的名字写在方框上或方框里面，方框内部还可以包含该系统中的用符号表示的用例。

3. 用例

1) 什么是用例

用例(Use Case)：表示参与者与系统的一次交互过程。用例用椭圆表示，如图 9-3 所示。

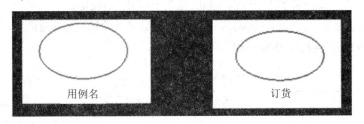

图 9-3　用例

用例将系统当做一个"黑匣子"，它从外部来看与系统之间的信息交换(包括系统的响应)。这样它简化对系统的需求的描写而且防止对系统的工作方式作任何过早的假设。有时候我们需要在系统内部定时地执行一些操作，如检测系统资源使用情况，定期地生成统计报表等。从表面上看，这些操作并不是由外部的人或系统触发的，应该怎样用用例方法来表述这一类功能需求呢？对于这种情况，我们可以抽象出一个系统时钟或定时器参与者，利用该参与者来触发这一类定时操作。从逻辑上，这一参与者应该被理解成是系统外部的，由它来触发系统所提供的用例对话，如图 9-4 所示。

图 9-4　用例与参与者

2) 用例的特点(见图 9-5)

• 用例用于描述系统的功能，这个功能是外部使用者看到的系统功能，不反映功能的实现方式。

• 用例描述用户提出的一些可见需求，对应一个具体的用户目标。

• 用例反映系统与用户的一次交互过程，应该具有交互的信息的传递。

• 用例是对系统功能的描述，属于需求建模。

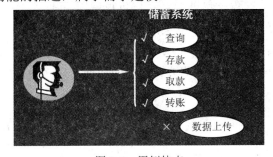

图 9-5　用例特点

3) 用例之间的关系

在需求分析时，当标识出参与者后，下一步就是识别用例、组织用例。所谓组织用例，就是首先识别用例之间的关系，使系统中的用例构成一个用例图。UML 有四种用例关系：关联、包含、扩展和泛化。

(1) 关联关系。用单向箭头表示，只表示谁启动用例，不考虑信息的双向流动。每个用例都由角色启动，除包含和扩展用例。无论用例和角色是否存在双向数据交流，关联总是由角色指向用例。如图 9-6 所示。

(2) 包含关系。包含关系是通过在关联关系上应用<<include>>构造型来表示的，如图 9-7 所示。它所表示的语义是指基础用例会用到被包含用例(Inclusion)，具体地讲，就是将被包含用例的事件流插入到基础用例的事件流中。

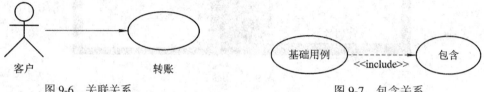

图 9-6　关联关系　　　　　　　　　　　图 9-7　包含关系

(3) 泛化关系。泛化又称为继承，当多个用例共同拥有一种类似的结构和行为的时候，可以将它们的共性抽象成为父用例，其他的用例作为泛化关系中的子用例，如图 9-8 所示。在用例的泛化关系中，子用例是父用例的一种特殊形式，子用例继承了父用例所有的结构、行为和关系。在实际应用中很少使用泛化关系，子用例中的特殊行为都可以作为父用例中的备选流存在。

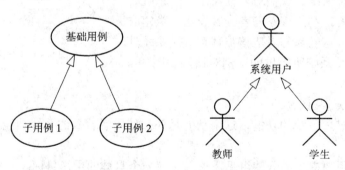

图 9-8　泛化关系

(4) 扩展关系。扩展(Extend)关系是指基础用例中定义有一至多个已命名的扩展点，扩展关系是指将扩展用例(Extension)的事件流在一定的条件下按照相应的扩展点插入到基础用例中。例如对于电话业务，可以在打电话业务上扩展出一些增值业务，如呼叫等待和呼叫转移，而这两个用例在打电话过程中并不一定会被使用。可以用扩展关系将这些业务的用例模型进行描述，如图 9-9 所示。

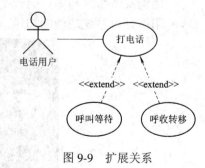

图 9-9　扩展关系

4) 识别和描述用例

要识别和描述软件系统中的用例，首先弄清楚系统的问题域、业务流程，整理出系统的功能需求,在此基础上结合已经识别出来的参与者,识别,抽象出系统用例,并对整个系统用例进行描述。

(1) 识别用例。需要弄清楚以下问题:

① 与系统实现有关的主要问题是什么?

② 系统需要哪些输入/输出?这些输入/输出从何而来?到哪里去?

③ 执行者需要系统提供哪些功能?

④ 执行者是否需要对系统中的信息进行读、创建、修改、删除或存储?

(2) 用例描述。图形化的用例本身不能提供该用例所具有的全部信息,因此还必须描述不可能反映在用例图上的信息,通常使用文字描述用例的这些信息。描述用例时,应着重描述从外界看来会有什么样的行为,而不管该行为在系统内部是如何具体实现的,即只管外部能力,不管内部细节。用例描述模板如图 9-10 所示。用例描述实例如图 9-11 所示。

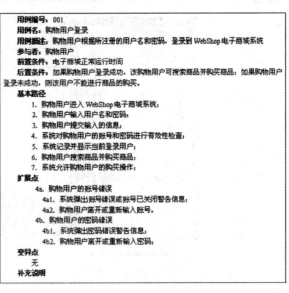

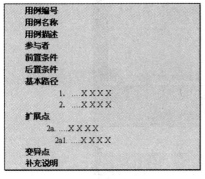

图 9-10 用例描述模板

图 9-11 用例实例

① 用例的目标。

用例的最终任务是什么?想得到什么样的结果?即每个用例的目标一定要明确。

② 用例是怎样被启动的。

哪个参与者在怎样的情况下启动执行用例。

③ 参与者和用例之间的消息流。

参与者和用例之间的哪些消息是用来通知对方的?哪些是修改或检索信息的?哪些是帮助用例做决定的?系统和参与者之间的主消息流描述了什么问题?系统使用或修改了哪些实体?

④ 用例的多种执行方案。

在不同的条件或特殊情况下,用例能根据当时条件选择一种合适的执行方案。

⑤ 用例怎样才算完成并把值传给了参与者。

描述中应明确指出在什么情况下用例才能被看做完成,当用例被看做完成时要把结果值传给参与者。

任务二　使用 Rational Rose 绘制用例图

一、创建用例图

从用例图中我们可以看到系统干什么，与谁交互。用例是系统提供的功能，参与者是系统与谁交互，参与者可以是人、系统或其他实体。一个系统可以创建一个或多个用例图。

在浏览器内的 Use Case 视图中，双击"Main"，让新的用例图显示在框图窗口中。也可以新建一个包(右击 Use Case 视图，选择"new"→"package"，并命名)，然后右击这个新建包，选择"New"→"Use Case Diagram"。如图 9-12 所示。

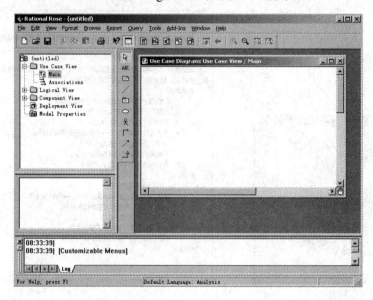

图 9-12　创建用例图

对系统总的用例一般画在 Use Case 视图中的"Main"里，如果一个系统可以创建多个用例图，则可以用包的形式来组织。

二、创建参与者

(1) 在工具栏中选择"Actor"，光标的形状变成加号。

(2) 在用例图中要放置参与者符号的地方单击鼠标左键，键入新参与者的名称，如"客户"。

(3) 若要简要的说明参与者，可以执行以下步骤：

① 在用例图或浏览器中双击参与者符号，打开如图 9-13 所示对话框，且已将原型(Stereotype)设置定义为"Actor"。

② 打开"General"选项卡，在"Documentation"字段中写入该参与者的简要说明。

③ 单击【OK】按钮，即可接受输入的简要说明并关闭对话框。

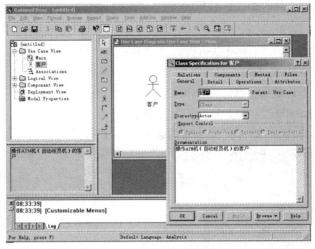

图 9-13　创建参与者

三、创建用例

(1) 在工具栏中选择"Use Case"，光标的形状变成加号。

(2) 在用例图中要放置用例符号的地方单击鼠标左键，键入新用例的名称，如"存款"。

(3) 若要简要地说明用例，可以执行以下步骤：

① 在用例图或浏览器中双击用例符号，打开如图 9-14 所示对话框，接着打开"General"选项卡。

② 在"Documentation"字段中写入该用例的简要说明。

③ 单击【OK】按钮，即可接受输入的简要说明并关闭对话框。

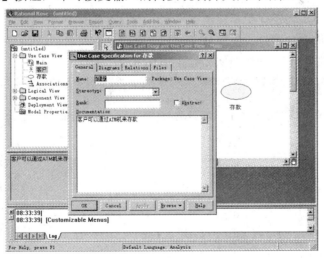

图 9-14　创建用例

四、记录参与者和用例之间的关系

(1) 从工具栏中选择关联关系箭头。

(2) 将光标定位在用例图中的参与者上，单击鼠标左键并将光标移动到用例符号上，然后释放鼠标左键。

(3) 若要简要地说明关系，可以执行以下步骤：

① 在用例图中双击关联关系符号，打开如图 9-15 所示对话框。

② 在默认情况下，将显示对话框中的 "General" 选项卡。

③ 在 "Documentation" 字段中写入简要说明。

④ 单击【OK】按钮，即可接受输入的简要说明并关闭对话框。

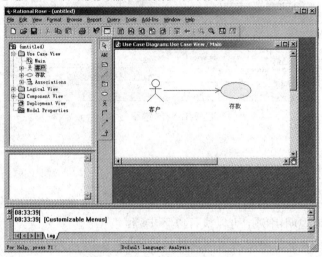

图 9-15　参与者和用例的关系

五、增加泛化关系

(1) 从工具栏中选择泛化关系箭头。

(2) 从子用例拖向父用例，也可从子参与者拖向父参与者。

(3) 执行的步骤同上述操作类似，如图 9-16 所示。

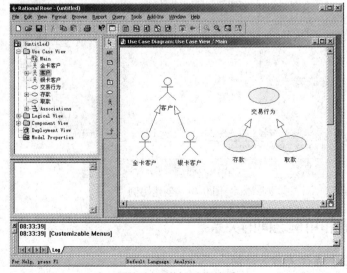

图 9-16　增加泛化关系

✦✦✦✦✦ 习　题 ✦✦✦✦✦

利用 Rational Rose 绘制如图 9-17 所示 ATM(自动柜员机)系统总的用例图。

理解：对于银行的客户来说，可以通过 ATM 机启动几个用例：存款、取款、查阅结余、付款、转账和改变 PIN(密码)。银行官员也可以启动改变 PIN 这个用例。参与者可能是一个系统，这里信用系统就是一个参与者，因为它是在 ATM 系统之外的。箭头从用例到参与者表示用例产生一些参与者要使用的信息。这里付款用例向信用系统提供信用卡付款信息。

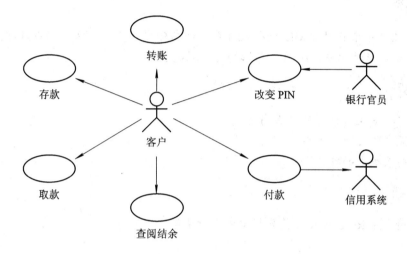

图 9-17　ATM(自动柜员机)系统总的用例图

项目十　静态建模

项目引导

　　本项目主要介绍应用 UML 进行软件系统静态建模的基本内容。静态建模是指通过类图、对象图等图形对软件系统的静态结构进行描述。

知识目标

　　(1) 认识类图及对象图的组成内容。
　　(2) 掌握类图之间的关系。
　　(3) 识别系统中的类。

能力目标

　　使用 Rational Rose 建模工具绘制类图及对象图。

任务一　认识静态建模

　　自然界中存在的事物大都具有类与对象的关系，于是我们可以借用自然界中的类与对象的表示方法，在计算机的软件系统中描述与实现类和对象。所谓对象就是可以控制和操作的实体，它可以是一个设备、一个组织或一个商务，它包括属性的描述和行为的描述二方面。属性描述类的基本特征(汽车的长度、颜色等)；行为描述类具有的功能(汽车启动、行驶和转弯、刹车等功能)，也就是对指定类的对象可以进行哪些操作。就像程序设计语言中整型变量是整数类型的具体变化，用户可以对整型变量进行操作一样，对象是类的实例化，所有的操作都是针对对象进行的。以面向对象方式建造的模型，由于建造在真实世界的基本概念上，与真实世界非常接近，使得该模型易于交流，易于验证，易于维护。

　　在计算机系统中，我们用类表示系统，并把现实世界中我们能够识别的对象分类表示，这种处理方式称作面向对象。由于面向对象的思想与现实世界中的事物的表示方式相似，所以采用面向对象的思想建造模型会给建模者带来很多好处。UML 的静态建模就需要借助于类图和对象图，使用 UML 进行静态建模，就是通过类图和对象图从一个相对静止的状态分析系统中包含的类和对象，以及他们之间的关系等。

任务二 认识类图

一、类图概述

类图(Class Diagram)显示了模型的静态结构，特别是模型中存在的类、类的内部结构以及它们与其他类的关系等。类图不显示暂时性的信息。类图是面向对象建模的主要组成部分。它既用于应用程序的系统分类的一般概念建模，也用于详细建模，将模型转换成编程代码。类图显示了系统静态的结构，标识了不同的实体(人、事物和数据)是如何彼此相关联的。在类图中不仅包含为系统定义各种类(其中包含了类的属性和操作)，也包含了它们之间的关系。由于类图是用来描述软件系统中类以及类之间的关系的一种图示，是从静态角度表示系统的，所以这种描述在系统整个生命周期中都是有效的，类图是构建其他图的基础，如果没有类图，就没有状态图、时序图和协作图等，也就无法表示软件系统的其他各个侧面。

类图中允许出现的模型元素只有类和它们之间的关系。如图 10-1 所示，类用长方形表示，长方形分成上、中、下三个区域，每个区域用不同的名字标识，用以代表类的各个特征。上面的区域内标识类的名字，中间的区域内标识类的属性，下面的区域内标识类的操作方法。这三部分作为一个整体描述某个类。

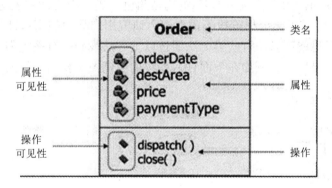

图 10-1 类的表示

在面向对象软件工程中，将类划分以下几种：

(1) 实体类：它表示的是系统领域内的实体。实体类对应着现实中的客观实物，是系统领域内的实体，用来保存信息，一般对应着数据表、文件等。实体类可以从现实中存在的客观事物，以及需要持久存放的信息两方面来发现。实体类的表示方法如图 10-2 所示。

图 10-2 实体类

(2) 边界类：边界类是系统的用户界面，直接跟系统外部参与者交互，与系统进行信息交流。它位于系统与外界的交界处。例如窗体、对话框、报表、与外部设备或系统交互的类等。边界类处在用例图中，参与者与用例的关联处，可以根据用例图发现边界类。每个参与者和用例交互至少要有一个边界类。边界类的表示方法如图 10-3 所示。

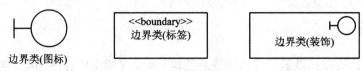

图 10-3　边界类

(3) 控制类：控制类是控制系统中对象之间的交互。它负责协调其他类的工作，实现对其他对象的控制。一个用例中最少会有一个控制类，用来控制用例中的事件顺序，也可以在多个用例之间协调用例之间的联系。控制类的表示方法如图 10-4 所示。

图 10-4　控制类

在传统的 C/S 系统中，实体类、边界类和控制类没有严格的一一对应关系；现在流行的设计模式(如 MVC 模式)中，实体类、边界类和控制类一一对应。从分析人员、组织、设备、事件和外部系统等，可找出各种可能有用的候选对象，以发现实体类；通过阅读系统文档和用例，查找用例的事件流中的名词(包括角色、类、类属性和表达式)，从中寻找到类(实体类)；对于边界类，分析阶段不需要深入研究用户界面的窗口部件，只要能说明通过交互所实现的目标就可以。有些类无法通过以上方法找到；有些类需要从协作图和时序图中通过分析对象来确定。例如在下面订货系统的用例图中找出系统的边界类、实体类、控制类(见图 10-5、图 10-6)。

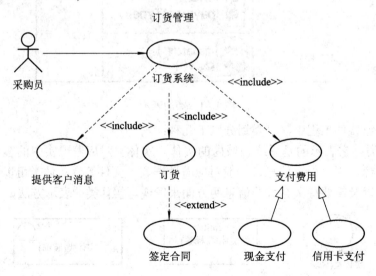

图 10-5　订货管理用例图

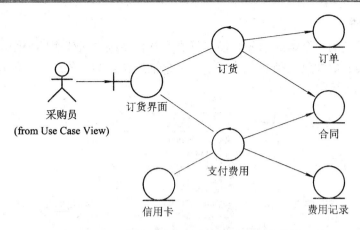

图 10-6　订货管理的控制类、边界类、实体类

(4) 具体类：有自己的具体对象的类称为具体类。具体类中的操作都有具体实现的方法。例如图 10-7 中的"轮船"和"汽车"两个类就是具体的类，"汽车"中的"drive"操作具体实现为驱动车轮滚动，而"轮船"类中的"drive"操作则具体实现为转动螺旋桨。

(5) 抽象类：没有具体对象的类称为抽象类。抽象类是不完整的，它只能用作父类，用于描述其他类(子类)的公共属性和行为(操作)。比如图 10-7 中"交通工具"就是一个抽象类。(在 Rose 中用斜体显示)。对于抽象类很难想象该类的对象是什么样子，因为它既不是具体的汽车，也不是具体的轮船，所以该类没有对象，但是描述了交通工具一般特征。

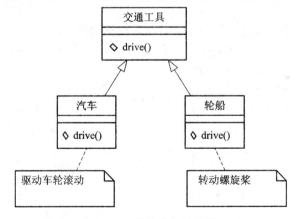

图 10-7　具体类与抽象类

二、类图的组成

1. 类的名称

类的名称是一个字符串，是每个类中所必有的构成元素，用于区别于其他类。类的名称应该来自系统的问题域，尽可能用明确、简短的业务领域中事物的名称，避免使用抽象、无意义的名词。通常情况下，类的名称为一个名词。例如人、桌子、图形、汇总；譬如，"事物"就是个抽象的名词。如果用英文，第 1 个字母大写，如 Shape、Person、Item。

类的名称可以分为简单名称和路径名称。单独的名称即不包含冒号的字符串叫做简单名。例如：Item。

2. 类的属性

类的属性是类的一个组成部分，描述了类在软件系统中所代表的一个事物的特性。在绘制类图时，类的属性放在类名字的下方，用来描述该类的对象所具有的特征。类的名称与属性如图 10-8 所示。

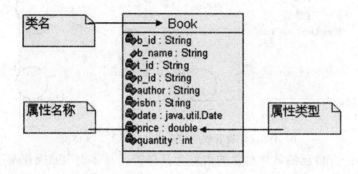

图 10-8　类的名称与属性

描述类的特征的属性可能很多，类也可以没有属性。在系统建模时，只抽取那些系统中需要使用的特征作为类的属性。正如变量有类型一样，属性也有类型，属性的类型反映属性的种类。例如：属性的类型可以是整型、实型、布尔型、枚举型等基本类型。在 UML 中，类属性的语法为：[可见性]属性名[:类型] [=初始值][{特性}]

1) 可见性

可见性用于描述类的属性、类的方法对于其他的类或包是否可以访问的特性。类的属性有不同的可见性，常用的有公有(public)、私有(private)和保护(protected)三种类型如图 10-9 所示。

名　称	可见范围	UML 符号	Rose 符号	说　明
公有(public)	类的内部和外部	+		
私有(private)	类的内部	−		不能被其子类使用
保护(protected)	类的内部	#		能被其子类使用

图 10-9　属性的可见性

2) 属性名

类的属性是描述类的特性，一个类可能有多个属性。如果用英文表达，第 1 个英文单词首字母小写，其他单词首字母大写，例如：

　　name；

　　contactName；

　　credintLimit；

　　isPrepaid.

3) 类型

属性的类型用来说明该属性是什么数据类型。属性的数据类型有：

字符串：String；

日期：Date；

布尔：Boolean；

整型：int.

4) 初始值

初始值是指属性最初获得的赋值。设定初始值有两个作用：一是保护系统的完整性，防止属性未赋值破坏系统的完整性；二是为用户提供易用性，一旦指定了属性的初始值，当创建该类的对象时，该对象的属性值便自动被赋为设定的初始值，简化了用户操作。

例如：#visibility:Boolean=false，表示属性"visibility"初始取"false"。

5) 属性字符串

属性字符串用来指定关于属性的其他信息。通常情况下列出该属性所有可能的取值。

3. 类的操作

描述类所表示事物的动态性质。类的操作格式：

[可见性]操作名[(参数列表):返回类型]

其中，可见性：该操作对外部实体的显现程度.

可见 public　　　　：　　　+；

受限 protected　　　：　　　#；

私有 private　　　　：　　　－。

操作名：第 1 个英文单词首字母小写，其他单词首字母大写。例如：

close()；

creditRecording()。

参数列表：该操作的输入参数，可以为空。例如:

#create()；

+hide()。

返回类型：某个操作的返回类型有多种例如：+getName():String。

三、类之间的关系

软件系统中的类不是孤立存在的，类与类之间存在着一定的联系。UML 中的类图由类和它们之间的关系组成。类与类之间的关系通常包括关联关系、泛化关系、依赖关系、实现关系等。

1. 关联关系

1) 关联(association)

关联是模型元素之间的一种语义联系，它是对具有共同的结构特性、行为特性、关系和语义的链接的描述。关联可以普通关联(见图 10-10)、递归关联、限定关联、有序关联、三元关联、单向关联和双向关联(见图 10-11)等。这里只介绍普通关联。其他的关联类型请读者参阅相关资料进行了解。

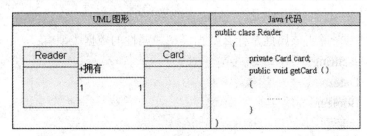

图 10-10　普通关联

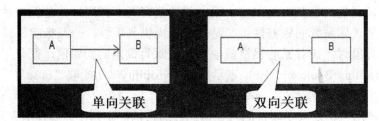

图 10-11　单向与双向关联

2) 关联名

可以在关联的一个方向上为关联起一个名字，而在另一个方向上起另一个名字，名字通常紧挨着直线书写。如果关联关系已经清楚，就无需关联名。当要明确的给关联提供角色名或当一个模型存在许多关联且要对这些关联进行查阅和区别时，才要给出关联名称。如图 10-11 所示，"拥有"就是"Reader"类和"Card"类之间的关联名称。代表某位读者拥有一张借书证。

3) 关联的角色

角色是关联关系中一个类对另一个类所表现出来的职责。角色的名称是名词或名词短语，用来解释对象是如何参与关联的。任何关联关系中的角色通常用字符串命名。在类图中，把角色的名字放置在与此角色有关的关联关系的末端，并紧挨着使用该角色的类，如图 10-12 所示。如果关联名与角色名相同，则不标出角色名。

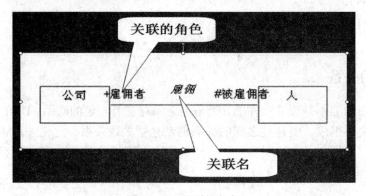

图 10-12　关联的角色

(1) 关联的多重性。多重性就是一种约束。关联的多重性是用来在类图中图示关联中的数量关系。例如：一个个可以拥有零台手机或多台手机。在 UML 中，多重性被表示为用".."分隔开的区间，其格式为"minimum..maximum"都是整数。常见的多重性表示方法如表 10-1 所示。

表 10-1　常见的多重性表示方法

修饰	语义	修饰	语义
0	刚好为 0	1	刚好为 1
0..1	0 或 1	0..n	0 或更多
1..n	1 或更多	n	0 或更多
5..17	表示 5 到 17 对象		

(2) 关联的约束。有时，两个类之间的一个关联有一个规则。可以通过关联线附近加注一个约束来说明这个规则。例如，一个 BankTeller(银行出纳员)为一个 Customer(顾客)服务(Serves)，但是服务的顺序要按照顾客排队的次序进行。在模型中可以通过在 Customer 类附近加上一个花括号括起来的"ordered(有序)"来说明这个规则(也就是指明约束)，如图 10-13 所示。

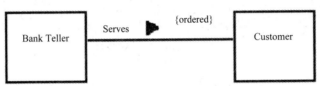

图 10-13　关联约束

另一种类型的约束是"or"(或)关系，通过在两条关联线之间连一条虚线，虚线之上标注"{or}"来表示这种约束。

2．泛化关系

泛化关系表示一个泛化的元素和一个具体的元素之间的关系。泛化又称继承，UML 中的泛化是通用元素和具体元素之间的一种分类关系。具体元素完全拥有通用元素的信息，并且还可附加一些其他信息。泛化可用于类、用例等各种模型元素。父类与子类的泛化关系图示为一个带空心三角形的直线，空心三角形紧挨着父类，如图 10-14 所示。

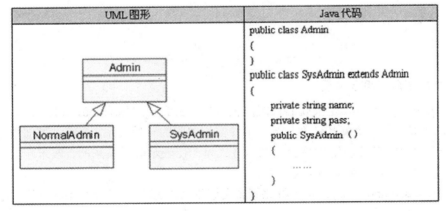

图 10-14　类之间的泛化关系

类的继承关系可以是多层的。也就是说，一个子类本身还可以作另一个类的父类，层层继承下去。在泛化关系中如果附加一个约束条件(多重、不相交、完全和不完全)，则会对继承进行限制。根据这些约束条件的不同，继承的类型可以分为多重继承、不相交继承、完全继承和不完全继承。

3. 依赖关系

依赖关系描述的是两个或多个模型元素之间的语义上的连接关系。其中一个模型元素是独立的，另一个模型元素是非独立的(依赖的)，它依赖于独立的模型元素，如果独立的模型元素发生改变，将会影响依赖该模型元素的模型元素。简单地说，两个元素 X、Y，如果 X 的变化必然导致 Y 的变化，则称 Y 依赖 X。依赖关系不仅限于类，用例、包、构件之间都可以存在依赖关系。在 UML 中，具有依赖关系的两个模型元素用带箭头的虚线连接，箭头指向独立的类。如图 10-15 所示。

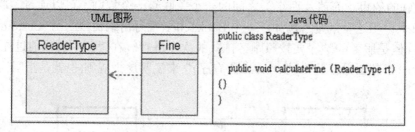

图 10-15　类之间的依赖关系

4. 实现关系

实现关系指定两个实体之间的一个合同。实现是规格说明和其实现之间的关系，它将一种模型元素与另一种元素连接起来。实现关系通常在两种情况下被使用：在接口与实现该接口的类之间；在用例以及实现该用例的协作之间。在 UML 中，实现关系的符号与泛化关系的符号类似，用一条带指向接口的空心三角箭头的虚线表示，如图 10-16 所示。

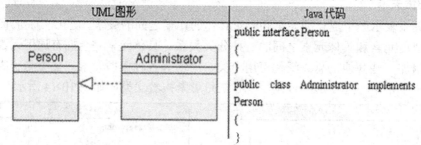

图 10-16　类之间的实现关系

5. 类的聚合与组合关系

聚合关系(Aggression)是关联的特例，表示是什么的一部分(is the part of)或者拥有一个(owns a)的关系，是一个装配件类与某个部件类相关联的一种关系，带有多种部件的装配件应包含多个聚合。在 UML 中聚合的图示方式为：在表示关联关系的直线末端加一个空心的小菱形，空心菱形紧挨着具有整体性质的类。

组合关系(Composition)：是一种比聚合更强形式的组合。组合意味着整体与组成部件之间是互不可分的关系，作为整体的类会因为拥有某个部分的类而存在，否则也会消失。比如 Windows 系统中窗口包括标题(Title)、工具栏(Toolbar)、内容区(Content)等。其中标题和内容区对窗口来说是必需的，它们与窗体之间的关系被建模为组合，而工具栏不是必须的，它与窗口之间的关系建模为聚合。组合关系图示为一个带实心菱形的直线，实心菱形紧挨着表示整体方的类，如图 10-17 所示。

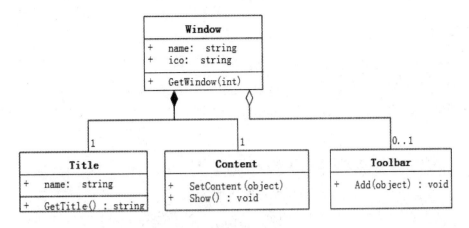

图 10-17　类的组合与聚合关系

任务三　使用 Rational Rose 绘制类图

一、创建类

在 Rational Rose 中可以通过几种途径来创建类。最简单的方法是利用模型的 Logic 视图中的类图标和绘图工具,在图中创建一个类。或者,在浏览器中选择一个包并使用快捷菜单的"New"→"Class",如图 10-18 所示。一旦创建了一个类,就可以通过双击打开它的对话框并在"Documentation"字段中添加文本来对这个类进行说明。

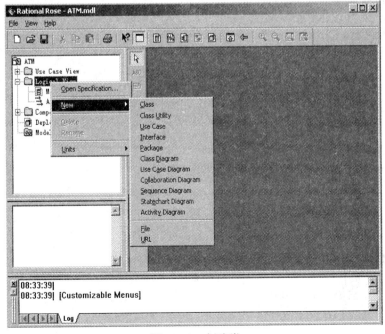

图 10-18　创建类

二、创建方法

(1) 选择浏览器中或类图上的类。

(2) 使用快捷菜单的"New"→"Operation",如图 10-19 所示。

(3) 输入方法的名字,可在"Documentation"字段中为该方法输入描述其目的的简要说明。

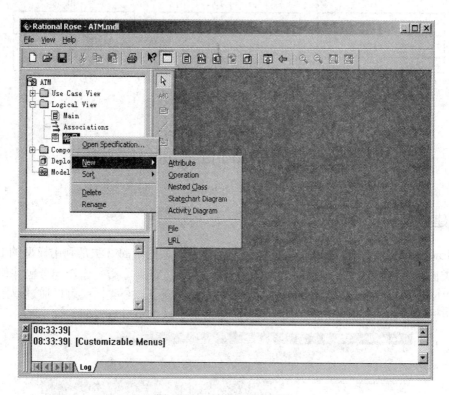

图 10-19　创建方法和属性

三、创建属性

(1) 选择浏览器中或类图上的类。

(2) 使用快捷菜单的"New"→"Attribute"。

(3) 输入属性的名字,可在"Documentation"字段中为该属性输入描述其目的的简要说明。

四、创建类图

右击浏览器内的 Logical 视图,选择"New"→"Class Diagram"。把浏览器内的类拉到类图中即可,如图 10-20 所示。

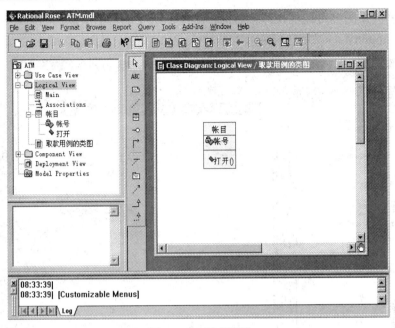

图 10-20 创建类图

五、创建类之间的关系

类之间的关系在工具栏中显示。

对于关联关系来说，双击关联关系，就可以在弹出的对话框中对关联的名称和角色进行编辑(见图 10-21)。

图 10-21 创建类之间关联的名称和角色

编辑关联关系的多重性的操作步骤为：右单击所要编辑的关联的一端，从弹出的菜单中选择"Multiplicity"，然后选择所要的基数(见图 10-22)。

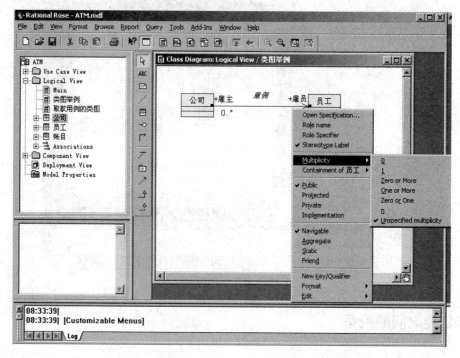

图 10-22   关联的多重性编辑

任务四   认识对象图

一、对象图概述

1．对象图的概念

对象图是类图的实例，表示一组对象及它们之间的联系。对象是系统的详细状态在某一时刻的快照，可以被看做是类图在某一时刻的实例。

类图表示类或类与类之间的关系，对象图则表示在某一时刻这些类的具体实例和这些实例之间的具体连接关系。对象图显示了类所对应的一组对象或他们之间的关系，对象图和类图一样反映系统的静态过程，但它是从实际的或原型化的情景来表达的。

2．说明

对象图并不在任何时间必须；Rose2003 不支持对象图。

3．在 UML 建模过程中使用对象图的目的

在 UML 建模过程中使用对象图的目的包括：

- 捕获实例和连接；
- 在分析和设计阶段创建；

- 捕获交互的静态部分；
- 举例说明数据/对象结构；
- 详细描述瞬态图；
- 由分析人员、设计人员和代码实现人员开发。

二、对象图的组成

对象图的表示方式与类的表示方式几乎是一样的，主要差别在于对象的名字下面要加下划线。对象名有下列三种表达格式：

(1) 第一种格式形如：

对象名：类名

即对象名在前，类名在后，中间用冒号连接。

(2) 第二种格式形如：

：类名

这种格式用于尚未给对象命名的情况，注意，类名前的冒号不能省略。

(3) 第三种格式形如：

对象名

对象图如图 10-23 所示。

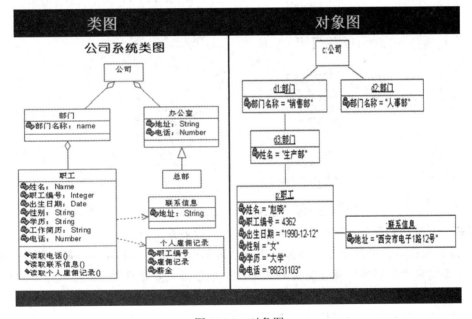

图 10-23 对象图

三、类图与对象图的比较

类图表示类与类之间的关系，对象图则表示在某一时刻这些类的具体实例和这些实例之间的具体连接关系。

对象图显示了类所对应的一组对象和他们之间的关系，对象图和类图一样反映系统的静态过程，但它是从实际的或原型化的情景来表达的。类图与对象图既有区别又有联系，如图10-24所示。

对象图VS类图

编号	比较项	类图	对象图
1	描述项	名称、属性和方法	名称和属性
2	名称表示	类名	命名对象用“对象名：类名”形式，匿名对象用“：类名”形式
3	属性表示	定义了所有属性的特征	只定义了属性的当前值
4	方法表示	列出了方法	不包含方法(对于同一个类的对象的方法是相同的)
5	关系表示	使用关联连接(名称、角色、约束和多重性)	使用链连接(名称、角色)，没有多重性(对象代表的是单独的实例，所有的链都是一对一的)

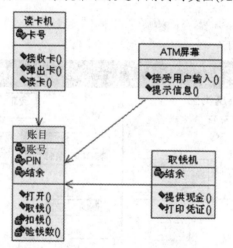

图10-24 对象图与类图的比较

✧✧✧✧✧ 习 题 ✧✧✧✧✧

利用Rational Rose绘制ATM系统中取款这个用例的类图(见图10-25)。

图10-25 ATM系统中取款用例的类图

理解：类图显示了取款这个用例中各个类之间的关系，由四个类完成：读卡机、账目、ATM屏幕和取钱机。类图中每个类都是用方框表示的，分成三个部分。第一部分是类名；第二部分是类包含的属性，属性是类和相关的一些信息，如账目类包含了账号、PIN(密码)和结余三个属性；最后一部分包含类的方法，方法是类提供的一些功能，例如账目类包含了打开、取钱、扣钱和验钱数四个方法。

类之间的连线表示了类之间的通信关系。例如，账目类连接了ATM屏幕，因为两者之间要直接相互通信；取钱机和读卡机不相连，因为两者之间不进行通信。

有些属性和方法的左边有一个小锁的图标，表示这个属性和方法是private的(UML中用“-”表示)，该属性和方法只在本类中可访问。没有小锁的，表示public(UML中用“+”表示)，即该属性和方法在所有类中可访问。若是一个钥匙图标，表示protected(UML中用“#”表示)，即属性和方法在该类及其子类中可访问。

项目十一　动 态 建 模

　　本项目主要介绍应用 UML 进行软件系统动态建模的基本内容。动态模型描述的是参与者如何通过交互实现系统中的用例。动态建模主要包括状态图、活动图、时序图和协作图。

　　(1) 认识动态建模的作用。
　　(2) 掌握动态建模过程中的各种交互图。

　　使用 Rational Rose 建模工具绘制状态图、活动图、时序图和协作图。

任务一　认识动态建模

　　动态建模描述的是参与者如何通过交互实现系统中的用例。系统中对象的交互是通过时序图、协作图或者活动图来描述的，同时，用例模型中用例实现所使用的类会在状态图中得以描述。

　　前面通过类图和对象图介绍了系统的静态结构建模，本项目将介绍系统的动态结构模型。UML 提供了状态图、活动图、时序图和协作图来描述系统的结构和行为，它们适合于描述系统中的对象在执行期间不同的时间点是如何动态交互的。一组对象为了实现一些功能而进行通信称之为交互，可以通过状态图、活动图、时序图和协作图来描述系统的动态行为。通过对软件系统的静态结构和动态行为的描述，开发团队和用户易于理解目标系统的功能及执行结果。

任务二　认识状态图

一、状态图概述

状态图(Statechart Diagram)是描述一个实体基于事件反应的动态行为，显示了该实体如何根据当前所处的状态对不同的事件做出反应。通常创建一个 UML 状态图是为了以下的研究目的：研究类、角色、子系统或组件的复杂行为。状态图主要用来描述对象、子系统、系统的生命周期。状态图适合描述跨越多个用例的对象在其生命周期中的各种状态及其状态之间的转换。这些对象可以是类、接口、构件或者节点。状态图常用于对反应型对象建模，反应型对象在接收到一个时间之前通常处于空闲状态，当这个对象对当前事件作出反应后又处于空闲状态等待下一个事件。

状态图能帮助分析员、设计员和开发人员理解系统中对象的行为。类图和对应的对象图只展示出系统的静态方面。它们展示的是系统静态层次和关联，并能告诉用户系统的行为是什么。但它们不能说明这些行为的动态细节。

开发人员尤其要知道对象是如何表现自己的行为的，因为他们要用软件实施这些行为。仅仅实施对象是不够的，开发人员还必须让对象做该做的事情。状态图可以确保开发人员能够清楚地了解对象应该做什么，而不用自己去猜测它。如果有了一幅展示对象行为的清晰图景，那么开发小组构造出的系统满足需求的可能性就会大大增加。

二、状态图的组成

状态图是由表示状态的节点和表示状态之间转换的带箭头的直线组成。若干个状态由一条或者多条转换箭头连接，状态的转换由事件触发，如图 11-1 所示。

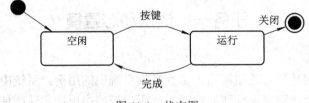

图 11-1　状态图

1. 起点和终点

起点代表状态图的一个初始状态，此状态代表状态图的起始位置。起点只能作为转换的源，而不能作为转换的目标。起点在一个状态图中只允许有一个。

终点代表状态图的最后状态，此状态代表状态图的终止位置。终点只能作为转换的目标，而不能作为转换的源。终点在一个状态图中可以有一个或多个，表示一个活动图的最后和终结状态。

状态图的起点与终点如图 11-2 所示。

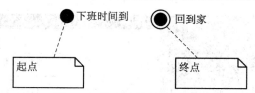

图 11-2 状态图的起点与终点

2．状态(State)

状态是指对象在其生命周期中，满足某些条件、执行某些活动或等待某些事件时的一个状况。状态指的是对象的状态，用圆角的矩形框表示状态，如图 11-3 所示。例如：

- 发票(对象)被支付(状态)；
- 小车(对象)正在停着(状态)；
- 发动机(对象)正在工作(状态)；
- 电灯(对象)开着(状态)。

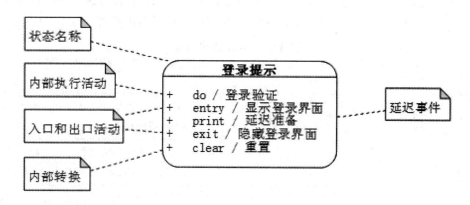

图 11-3 登录提示状态

1) 状态的特征

通常一个状态由名称、进入/退出动作、内部转换、子状态和延迟事件等五个部分组成，如表 11-1 所示。如图 11-4 所示，常常使用三种标准事件：entry(进入)，do(做)和 exit(退出)。"进入"用来指定进入一个状态的动作；"退出"用来指定退出一个状态的动作；"做"事件用来指定在该状态下的动作(如发送一条消息)。

表 11-1 状 态 特 征

编号	状态的特征	描 述
1	名称	将一个状态与其他状态区分开来的文本字符串；状态也可能是匿名的，这表示它没有名称
2	进入/退出动作	在进入和退出状态时所执行的操作
3	内部转换	在不使状态发生变更的情况下进行转换
4	子状态	状态的嵌套结构，包括不相连的(依次处于活动状态的)或并行的(同时处于活动状态的)子状态
5	延迟事件	未在该状态中处理但被延迟处理(即列队等待由另一个状态中的对象来处理)的一系列事件

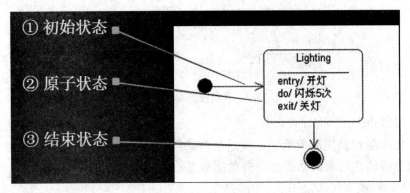

图 11-4　初始状态、原子状态和结束状态

"动作"是对象类中一个操作的执行，动作具有原子和不可中断特性。

"事件"指的是发生且引起某些动作执行的事情，即事件表示在某一特定的时间或空间出现的能够引发状态改变的运动变化。事件有很多，大致可以分为入口事件、出口事件、动作事件、信号事件、调用事件、修改事件、时间事件和延迟事件等，如表 11-2 所示。

表 11-2　常见事件类型

编号	事件名称	触发时机	说　明
1	入口事件	进入状态时	表示一个入口的动作序列，先于人和内部活动或转换
2	出口事件	退出状态时	表示一个出口的动作序列，跟在所有的内部活动之后，先于所有的出口转换
3	动作事件	调用嵌套状态机时	与动作事件相关的活动必定引用嵌套状态机
4	信号事件	两个对象通信时	发送者和接收者可以是同一个对象
5	调用事件	一个对象请求调用另一个对象的操作时	至少涉及两个以上的对象，可以为同步调用，也可以为异步调用
6	修改事件	特定条件满足时	可以被多次赋值直到条件为真
7	时间事件	自进入状态后某个时间期限到时	可以被指定为绝对形式，也可以被指定为相对形式
8	延迟事件	在需要时触发或撤销	通常不在本状态处理，推迟到另外一个状态才处理

2) 状态的类型

状态的类型有：初始状态、原子状态和结束状态，如图 11-4 所示。组合状态和子状态，并发状态，历史状态等。

组合状态和子状态如图 11-5 所示。子状态是指被嵌套在另外一个状态中的状态。组合状态是指含有子状态的状态。组合状态也可以有初态和终态。

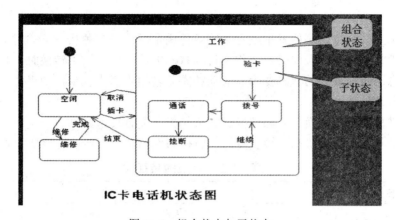

图 11-5　组合状态与子状态

并发状态指一个对象在同一时刻可以处在多种状态，如图 11-6 所示。

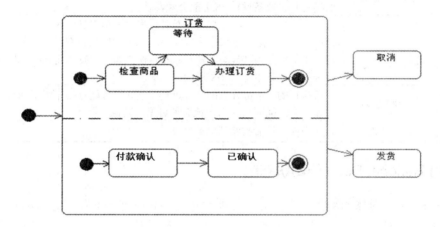

图 11-6　并发状态

历史状态代表上次离开组成状态时的最后一个活动子状态，它用一个包含字母"H"的小圆圈表示。每当转换到组成状态的历史状态时，对象便恢复到上次离开该组成状态时的最后一个活动子状态，并执行入口动作，如图 11-7 所示。

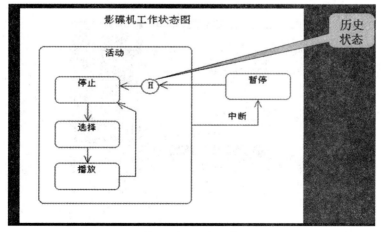

图 11-7　历史状态

3. 转换

转换表示当一个特定事件发生或者某些条件满足时，一个源状态下的对象完成一定的动作后将发生状态转变，转向另一个称为目标状态的状态。当发生转换时，转换进入的状态为活动状态，转换离开的状态变为非活动状态。转换用箭头表示，如果没有标注事件，则本转移为自动转移。

转换通常分为外部转换、内部转换、完成转换和复合转换四种。一个转换一般包括五部分信息：源状态、目标状态、触发事件、监护条件和动作。转换的特征如表 11-3 所示。

表 11-3　转换的特征

编号	转换的特征	描　述
1	源状态	转换所影响的状态；如果对象处于源状态，当对象收到转换的触发事件并且满足警戒条件(如果有)时，就可能会触发输出转换
2	事件触发器	使转换满足触发条件的事件。当处于源状态的对象收到该事件时(假设已满足其警戒条件)，就可能会触发转换
3	警戒条件	一种布尔表达式。在接收到事件触发器而触发转换时，将对该表达式求值；如果该表达式求值结果为 True，则说明转换符合触发条件；如果该表达式求值结果为 Fakse，则不触发转换。如果没有其他转换可以由同一事件来触发，该事件就将被丢弃
4	操作	可执行的、不可分割的计算过程，该计算可能直接作用于拥有状态机的对象，也可能间接作用于该对象可见的其他对象
5	目标状态	在完成转换后被激活动的状态

三、使用 Rational Rose 绘制状态图

状态图显示了对象的动作行为、对象可能存在的各种状态、对象创建时的状态、对象删除时的状态、对象如何从一种状态转移到另一种状态以及对象在不同状态中干什么。

1. 创建状态图

(1) 在浏览器中右击类。

(2) 选择"New"→"Statechart Diagram"，对该类创建一个状态图，并命名该图，如图 11-8 所示。

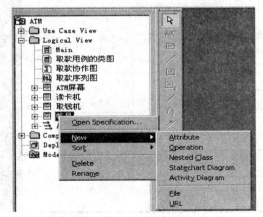

图 11-8　创建状态图

2．在图中增加状态，初始和终止状态

(1) 选择工具栏的【State】按钮，单击框图增加一个状态，双击状态命名。

(2) 选择工具栏的"Start State"和"End State"，单击框图增加初始状态和终止状态，如图 11-9 所示。初始状态是对象首次实例化时的状态，状态图中只有一个初始状态。终止状态表示对象在内存中被删除之前的状态，状态图中有 0 个、1 个或多个终止状态。

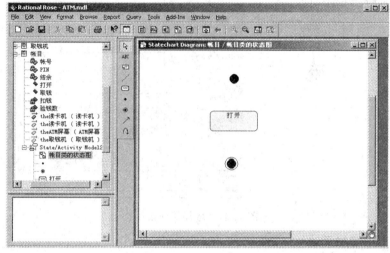

图 11-9　增加状态

3．状态之间增加交接

(1) 选择【State Transition】工具栏按钮。

(2) 从一种状态拖到另一种状态。

(3) 双击"交接"弹出对话框，可以在"General"中增加事件(Event)，在"Detail"中增加保证条件(Guard Condition)等交接的细节，如图 11-10、图 11-11 所示。事件用来在交接中从一个对象发送给另一个对象，保证条件放在中括号里，控制是否发生交接。

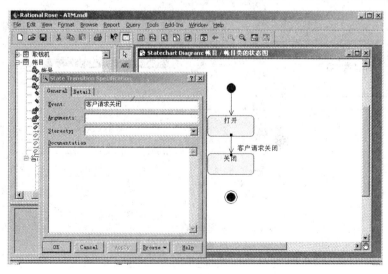

图 11-10　增加事件

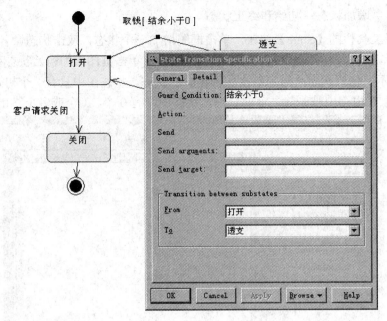

图 11-11　增加保证条件

4．在状态中增加活动

(1) 右击状态并选择"Open Specification"。

(2) 选择【Action】标签，右击空白处并选择"Insert"。

(3) 双击新活动(清单中有"Entry/")打开活动规范，在"Name"中输入活动细节，如图 11-12 所示。

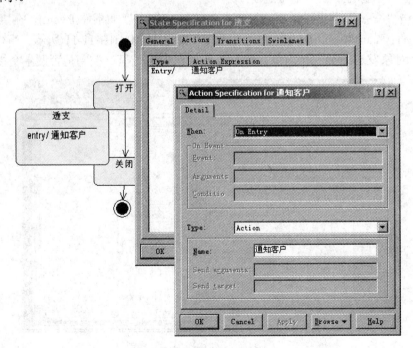

图 11-12　在状态中增加活动

任务三 认识活动图

一、活动图概述

活动图(Activity Diagram，动态图)阐明了业务用例实现的工作流程。业务工作流程说明了业务为向所服务的业务主角提供其所需的价值而必须完成的工作。业务用例由一系列活动组成，它们共同为业务主角生成某些工件。工作流程通常包括一个基本工作流程和一个或多个备选工作流程。工作流程的结构使用活动图来进行说明。

活动图与常用的程序流程图相似，它们的主要区别在于程序流程图一般用来表示串行过程，而活动图则可以用来表示并行过程，如图 11-13 所示。

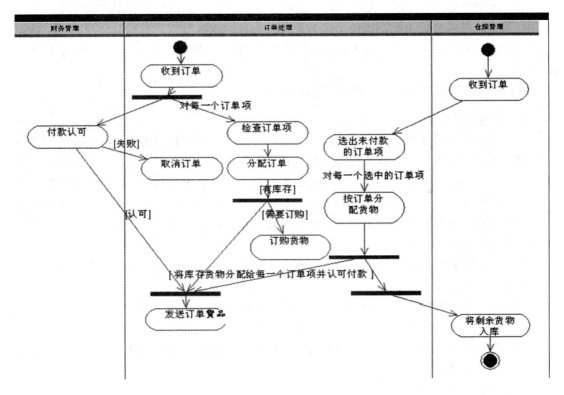

图 11-13 活动图

使用活动图主要目的是：

(1) 描述一个操作执行过程中(操作实现的实例化)所完成的工作(动作)。

(2) 描述对象内部的工作。

(3) 显示如何执行一组相关的动作，以及这些动作如何影响它们周围的对象。

(4) 显示用例的实例是如何执行动作以及如何改变对象状态的。

(5) 说明一次商务活动中的参与者、工作流、组织和对象是如何工作的。

二、活动图的组成

UML 中活动图包含的图形元素有：动作状态、活动状态、组合活动、分叉与结合、分支与合并、泳道、对象流和动作流。

1. 动作状态

动作状态是原子性的动作或操作的执行状态，它不能被外部事件的转换中断。动作状态的原子性决定了动作状态要么不执行，要么就完成执行，不能中断。如发送一个信号、设置某个属性值等。动作状态没有子结构、内部转换或内部活动，它不能包括事件触发的转换。动作状态有如下特点：

(1) 动作状态是原子的，它是构造活动图的最小单位，无法分解为更小的部分。

(2) 动作状态是不可中断的，它一旦运行就不能中断，一直运行到结束。

(3) 动作状态是瞬时的行为，它所占用的处理时间极短，有时甚至可以忽略。

(4) 动作状态有入转换，入转换可以是动作流，也可以是对象流。动作状态至少有一条出转换，这条转换以内部动作的完成为起点，与外部事件无关。

(5) 动作状态与状态图中的状态不同，它不能有入口动作和出口动作，也不能有内部转移。

(6) 动作状态允许多处出现在同一活动图中。

2. 活动状态

活动状态是非原子性的，用来表示一个具有子结构的纯粹计算的执行。活动状态可以分解成其他子活动或动作状态，可以使转换离开状态的事件从外部中断。活动状态可以有内部转换、入口动作和出口动作。活动状态至少具有一个输出完成转换，当状态中的活动完成时该转换激发。活动状态用两边为弧的条形框表示，中间填活动名。活动分为简单活动和组合活动。简单活动是指不能再分解的活动；组合活动是指可以再分解的复杂活动。活动状态有如下特点：

(1) 活动状态可以分解成其他子活动或动作状态，由于它是一组不可中断的动作或操作的组合，所以可以被中断。

(2) 活动状态的内部活动可以用另一个活动图来表示。

(3) 活动状态可以有入口动作和出口动作，也可以有内部转移。

(4) 动作状态是活动状态的一个特例，如果某一个活动状态只包括一个动作，那么它就是一个动作状态。

动作状态与活动状态如图 11-14 所示。

图 11-14　动作状态与活动状态

3．组合活动

组合活动也叫复合活动。在 UML 的活动图中，一个大的活动可以分为若干个动作或子活动，这些动作或子活动本身又可以组成一个活动图，如图 11-15 所示。

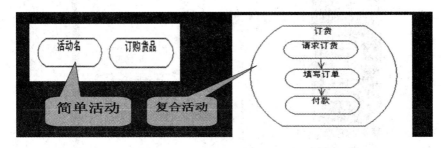

图 11-15 组合活动与简单活动

4．分叉与结合

并发指的是在同一时间间隔内有两个或者两个以上的活动执行。对于一些复杂的大型系统而言，对象在运行时往往不只存在一个控制流，而是存在两个或者多个并发运行的控制流。为了对并发的控制流建模，在 UML 中引入了分叉和结合的概念。分叉用于表示将一个控制流分成两个或者多个并发运行的分支，结合用来表示并行分支在此得到同步。

分叉用粗黑线表示。分叉具有一个输入转换、两个或者多个输出转换，每个转换都可以是独立的控制流。结合与分叉相反，结合具有两个或者多个输入转换、一个输出转换，先完成的控制流需要在此等待，只有当所有的控制流都到达结合点时，控制才能继续向下进行，如图 11-16 所示。

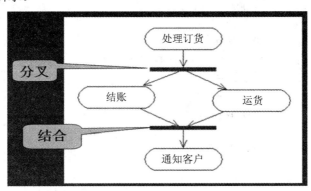

图 11-16 分叉与结合

5．分支与合并

分支在活动图中很常见，它是转换的一部分，它将转换路径分成多个部分，每一个部分都有单独的监护条件和不同的结果。当动作流遇到分支时，会根据监护条件的真假来判定动作的流向。分支的每个路径监护条件应该是互斥的，这样可以保证只有一个路径的转换被激发。

合并指的是两个或者多个控制路径在此汇合，合并和分支常常成对使用，合并表示从对应分支开始的条件的行为结束。

在活动图中，分支与合并都用空心的菱形表示，分支有一个输入箭头和两个输出箭头，而合并有两个输入箭头和一个输出箭头，如图 11-17 所示。

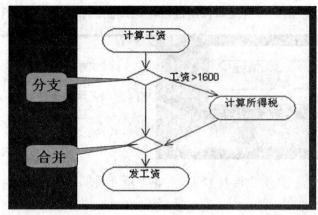

图 11-17　分支与合并

6. 泳道

为了活动的职责进行组织而将活动图中的活动状态分为不同的组，称为泳道。每个泳道代表特定含义的状态职责部分。在活动图中，每个活动只能明确地属于一个泳道，泳道表示了哪些活动是由哪些对象进行的。每个泳道都有一个与其他泳道不同的名称。

在活动图中，每个泳道通过垂直实线与它的邻居泳道相分离。在泳道的上方是泳道的名称，不同的泳道中的活动既可以顺序进行也可以并发进行，如图 11-18 所示。

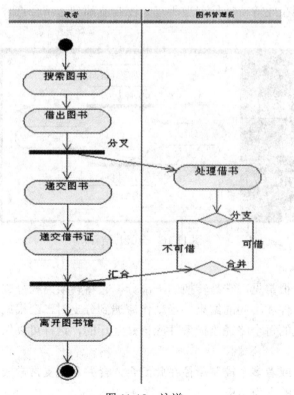

图 11-18　泳道

7．对象流

对象可以在活动图中显示，表示动作状态或者活动状态与对象之间的依赖关系。对象可以作为动作的输入或输出，或简单地表示指定动作对对象的影响。对象用矩形符号来表示，在矩形的内部有对象名或类名。对象流用带有箭头的虚线表示，如图 11-19 所示。

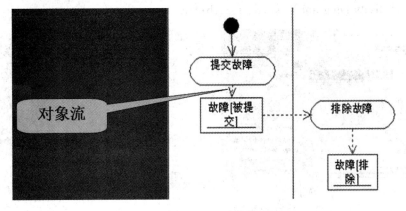

图 11-19　对象流

对象流中的对象有如下特点：

(1) 一个对象可以由多个动作操纵。

(2) 一个动作输出的对象可以作为另一个动作输入的对象。

(3) 同一个对象可以多次出现在活动图中，每一次出现表明该对象正处于对象生存期的不同时间点。

8．动作流

动作流是指所有动作状态之间的转换。在活动图中，一个动作状态执行完成本状态需要完成的动作后会自动转换到另外一个状态，一般不需要特定事件的触发。动作流用带箭头的直线表示，箭头的方向指向转入的方向，如图 11-20 所示。

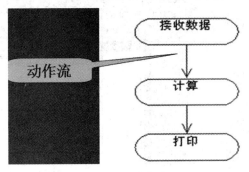

图 11-20　动作流

三、使用 Rational Rose 绘制活动图

活动图显示了从活动到活动的流。活动图可以在分析系统业务时用来演示业务流，也可以在收集系统需求时显示一个用例中的事件流。活动图显示了系统中某个业务或者某个用例中要经历哪些活动，以及这些活动按什么顺序发生。

1. 创建活动图(见图 11-21)

(1) 用于分析系统业务：在浏览器中右击 Use Case 视图，选择"New"→"Activity Diagram"，如图 11-21(a)所示。

(2) 用于显示用例中的事件流：在浏览器中选中某个用例，然后右击这个用例，选择"New"→"Activity Diagram"，如图 11-21(b)所示。

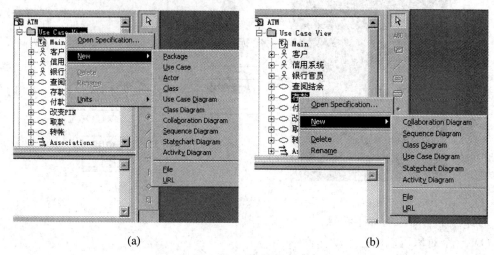

(a)　　　　　　　　　　　　　　　　　(b)

图 11-21　创建活动图

2. 增加泳道

泳道是框图里的竖段，包含特定人员或组织要进行的所有活动。可以把框图分为多个泳道，每个泳道对应每个人员或组织。

在工具栏中选择【Swimlane】按钮，然后单击框图增加泳道，最后用人员或组织给泳道命名，如图 11-22 所示。

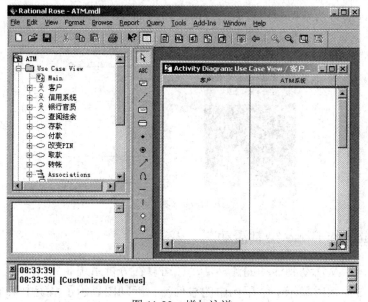

图 11-22　增加泳道

3．增加活动并设置活动的顺序

(1) 在工具栏中选择【Activity】按钮，单击活动图增加活动，命名活动。

(2) 在工具栏中选择【Transition】按钮，把箭头从一个活动拖向另一个活动，如图 11-23 所示。

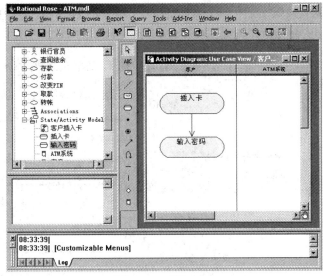

图 11-23　增加活动

4．增加同步

(1) 在工具栏中选择【Synchronization】按钮，单击框图来增加同步棒。

(2) 画出从活动到同步棒的交接箭头，表示在这个活动之后开始并行处理。

(3) 画出从同步棒到可以并行发生的活动之间的交接箭头。

(4) 创建另一同步棒，表示并行处理结束。

(5) 画出从同步活动到最后同步棒之间的交接箭头，表示完成所有这些活动之后将停止并行处理，如图 11-24 所示。

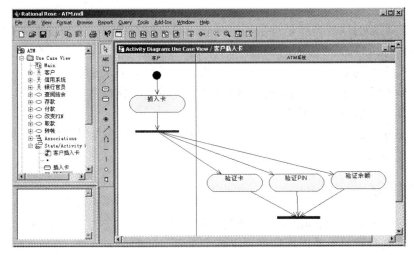

图 11-24　增加同步

5．增加决策点

决策点表示可以采取两个或多个不同的路径。从决策到活动的交接箭头要给出保证条件，控制在决策之后采取什么路径，保证条件应该是互斥的。

(1) 在工具栏中选择【Decision】按钮，单击框图增加决策点。

(2) 拖动从决策到决策之后可能发生的活动之间的交接，双击"交接"，打开【Detail】选项卡，在"Guard Condition"字段中写入保证条件，如图 11-25 所示。

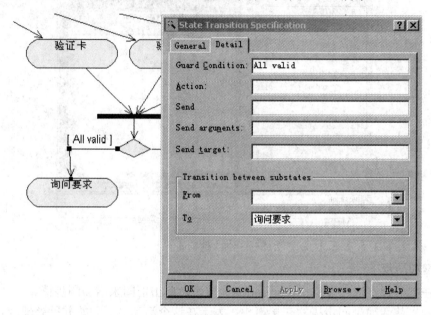

图 11-25　增加决策点

任务四　认识顺序图

一个面向对象的软件系统是一系列相互协同的对象的集合，每个对象都有自己的"生命"，如果每个对象只关心自己的事情，而不考虑与其他对象的交互，将会产生混乱。为了能够确定这些交互的方法，必须补全对静态结构的理解：那些并发对象是如何交互以及交互是如何影响对象的状态的。创建动态模型来完善系统的静态模型，不仅可以帮助确定类中需要的操作，也能改进系统的静态结构。

系统动态模型的其中一种就是交互视图，它描述了执行系统功能的各个角色之间相互传递消息的顺序关系。

一、顺序图概述

顺序图(Sequence Diagram)又名序列图、循序图、时序图，是一种 UML 交互图。它通过描述对象之间发送消息的时间顺序显示多个对象之间的动态协作。它可以表示用例的行为顺序，当执行一个用例行为时，其中的每条消息对应一个类操作或状态机中引起转换的触发事件。顺序图可供不同的用户使用，以帮助他们进一步了解系统。

- 用户，帮助他们进一步了解业务细节；
- 分析人员，帮助他们进一步明确事件处理流程；
- 开发人员，帮助他们进一步了解需要开发的对象和对这些对象的操作；
- 测试人员，通过过程的细节开发测试案例。

在 UML 中，顺序图表示为二维图，如图 11-26 所示。其中，横轴上代表在协作中独立对象的角色。每个对象的表示方法是：矩形框中写有对象或类名，且名字下面有下划线。纵轴是时间轴，时间沿竖线向下延伸。角色使用生命线进行表示，当对象存在时，生命线用一条虚线表示，此时对象不处于激活状态，当对象的过程处于激活状态时，生命线是一条双道线。顺序图中的消息使用从一个对象的生命线到另一个对象的生命线的箭头表示。箭头以时间顺序在图中从上到下排列。

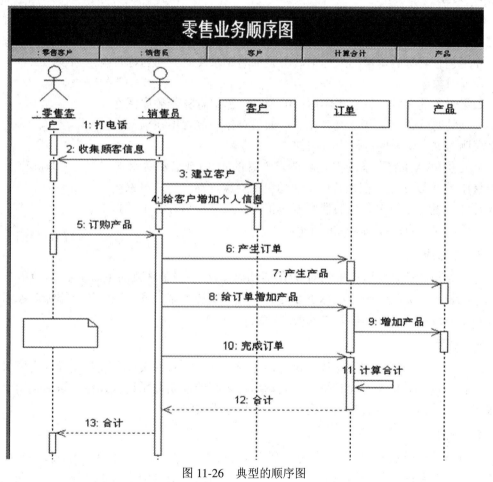

图 11-26　典型的顺序图

二、顺序图的组成

顺序图是由对象(Object)、生命线(Lifeline)、激活(Activation)和消息(Message)等构成的，如图 11-27 所示顺序图的目的就是按照交互发生的一系列顺序显示对象之间的交互。

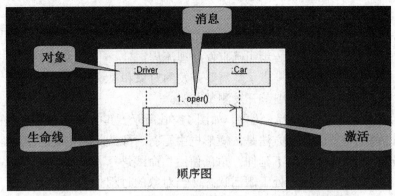

图 11-27　顺序图的组成

1．对象

顺序图中的对象和对象图中对象的概念一样，都是类的实例。顺序图中的对象可以是系统的参与者或者任何有效的系统对象。对象的表示形式也和对象图中的对象表示方式一样，使用包含名称的矩形框来标记，所显示的对象及其类的名称带有下划线，二者用冒号隔开，即对象名。

如果对象的开始位置置于顺序图的顶部，那就意味着顺序图在开始交互的时候该对象就已经存在了；如果对象的位置不在顶部，那么表明对象在交互的过程中将被创建。

类元角色(Actor)为系统中发起请求消息的对象(或者称为参与者对象)，它可以是任何在系统中扮演角色的对象，不管它是对象实例还是参与者，它与生命线的使用方法相同，只是表示方法不同。类元角色的表示方法如图 11-28 所示。

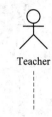

Teacher

图 11-28　类元角色

2．生命线

每个参与者及系统运行中的对象(即活动对象)都用一条垂直的生命线表示。UML 用矩形和虚线表示生命线，虚线展示了参与交互的对象的生命长度，矩形框中添加对象名称。对象与生命线结合在一起称为对象的生命线。

3．激活

顺序图中的激活是对象操作的执行，它表示一个对象直接或通过从属操作完成操作的过程。它对执行的持续时间和执行与其调用者之间的控制关系进行建模。激活使用小矩形条表示，它的顶端与激活时间对齐，而底端与完成时间对齐。

4．消息

消息是从一个对象(发送者)向另一个或其他几个对象(接收者)发送信号，或由一个对象调用另一个对象的操作。消息可以用于在对象间传递参数。消息可以是信号，即明确的、命名的、对象间的异步通信；也可以是调用，即具有返回控制机制的操作的异步调用。其中，顺序图中强调的是消息的时间顺序，而协作图中强调交换消息的对象间的关系。

在 UML 中，消息使用箭头来表示，箭头的类型表示了消息的类型，消息箭头所指的一方是接收方。常用的消息类型如表 11-4 所示。

表 11-4 常见的消息类型

编号	消息类型	消息符号	含 义
1	Simple	⟶	两个对象之间的简单消息
2	Synchronous	⟶×⟩	两个对象之间的同步消息
3	Balking	⟵	反身消息
4	Tirneout	○⟶	超时消息
5	Procedure Call	⟶▶	两个对象之间的过程调用
6	Asynjchronous	⟶	两个对象之间的异步消息
7	Return	----⟩	过程调用返回的消息

三、使用 Rational Rose 绘制顺序图

1. 创建序列图

在浏览器内的 Logic 视图中单击鼠标右键，选择"New"→"Sequence Diagram"就新建了一张序列图，如图 11-29 所示。也可以在浏览器中 Use Case 视图中选择某个用例，然后右击这个用例，选择"New"→"Sequence Diagram"。

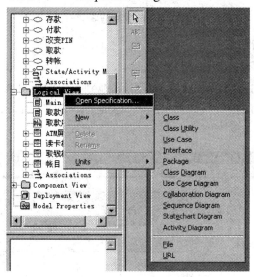

图 11-29 创建序列图

2. 在序列图中放置参与者和对象

序列图中的主要元素之一就是对象，相似的对象可以被抽象为一个类。序列图中的每个对象代表了某个类的某一实例。

(1) 把用例图中的该用例涉及的所有参与者拖到 Sequence 图中。

(2) 选择工具栏中的【Object】按钮，单击框图增加对象。可以选择创建已有类的对象，也可以在浏览器中新建一个类，再创建新的类的对象。双击对象，在弹出的对话框中的"Class"里确定该对象所属的类。

(3) 给对象命名。对象可以命名也可以没有名字。双击对象，在弹出对话框的"Name"中给对象取名，如图 11-30 所示。

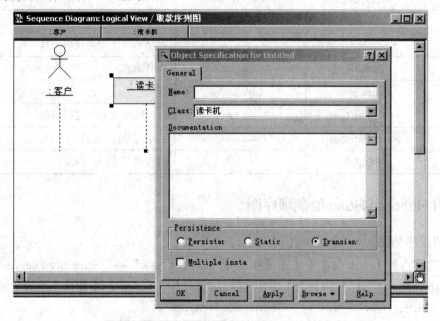

图 11-30　放置参与者和对象

3. 说明对象之间的消息

(1) 在工具栏中选择【message】按钮。

(2) 单击启动消息的参与者或对象，把消息拖到目标对象和参与者中。

(3) 命名消息。双击消息，在对话框中"General"里的"name"中输入消息名称，如图 11-31 所示。

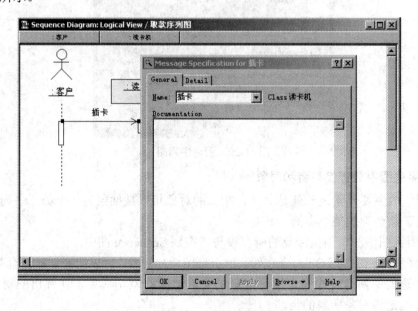

图 11-31　对象之间的消息

任务五 认识协作图

协作图(Collaboration Diagram/Communication Diagram，也叫通信图)是一种交互图，强调的是发送和接收消息的对象之间的组织结构。与顺序图不同的是，在协作图中明确表示了角色之间的关系，通过协作角色来限定协作中的对象或链。另外，协作图不将时间作为单独的维来表示，所以必须使用顺序号来判断消息的顺序以及并行线程。顺序图和协作图表达的是类似的信息，虽然它们使用不同的方法表示，但可以通过适当的方式将它们进行转换。

一、协作图概述

要理解协作图，首先要了解什么是协作。所谓协作是指在一定的语境中一组对象以及实现某些行为的对象间的相互作用。在协作中，它同时包含了运行时的类元角色(Classifier Roles)和关联角色(Association Roles)，类元角色描述了一个对象，关联角色描述了协作关系中的链，并通过几何排列表现交互作用中的各个角色。协作图如图 11-32 所示。

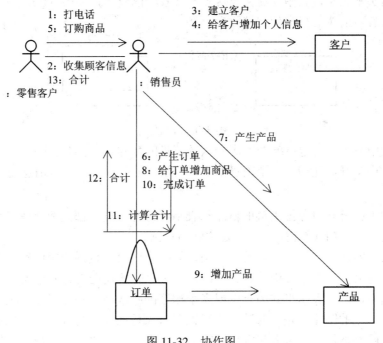

图 11-32 协作图

使用协作图的作用如下：

(1) 通过描绘对象之间消息的传递情况来反映具体的使用语境的逻辑表达。一个使用情境的逻辑可能是一个用例的一部分，或是一条控制流，这和顺序图的作用类似。

(2) 显示对象及其交互关系的空间组织结构。协作图显示了在交互过程中各个对象之间的组织交互关系以及对象彼此之间的链接。与顺序图不同，协作图显示的是对象之间的关系，并不侧重交互的顺序，它没有将时间作为一个单独的维度，而是使用序列号来确定消息及并发线程的顺序。

(3) 协作图的另外一个作用是表现一个类操作的实现。协作图可以说明类操作中使用到的参数、局部变量以及返回值等。当使用协作图表现一个系统行为时，消息编号对应了程序中嵌套调用结构和信号的传递过程。

二、协作图的组成

协作图(Collaboration Diagram)是由对象(Object)、消息(Message)和链(Link)等构成的。

1. 对象

协作图中的对象和序列图中的对象的概念相同，同样都是类的实例。一个协作代表了为了完成某个目标而共同工作的一组对象。对象的角色表示一个或一组对象在达到目标的过程中所应起的那部分作用。在协作图中，不需要关于某个类的所有对象都出现，同一个类的对象在一个协作图中也可能要充当多个角色。

协作图中对象的表示形式也和顺序图中的对象的表示形式一样，这里不再详细介绍。

2. 消息

在协作图中，可以通过一系列的消息来描述系统的动态行为。在协作图中，消息使用带有标签的箭头来表示，它附在连接发送者和接收者的链上，如图 11-33 所示。链连接了发送者和接收者，箭头的指向便是接收者。

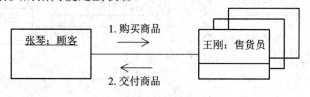

图 11-33　消息

在协作图中每个消息包括一个顺序号以及消息的名称。顺序号是消息的一个数字前缀，是一个整数，由 1 开始递增，每个消息都必须有唯一的顺序号。嵌套消息使用点表示法。

3. 链

在协作图中的链和对象图中链的概念和表示形式都相同，都是两个或多个对象之间的独立连接，是对象引用元组(有序表)，是关联的实例。

链是关联的实例，当一个类与另一个类之间有关联时，这两个类的实例之间就有链，一个对象就能向另一个对象发送消息。所以链是对象间的发送消息的路径。

在协作图中，链的表示形式为一个或多个相连的线或弧。在自身相关联的类中，链是两端指向同一对象的回路，是一条弧。为了说明对象是如何与另外一个对象进行连接的，还可以在链的两端添加上提供者和客户端的可见性修饰。如图 11-34 所示是链的普通和自身关联的表示形式。

图 11-34　链

三、使用 Rational Rose 绘制协作图

1. 增加对象链接

(1) 在工具栏中选择【Object Link】按钮。

(2) 单击要链接的参与者或对象。

(3) 将对象链接拖动到要链接的参与者或对象间，如图 11-35 所示。

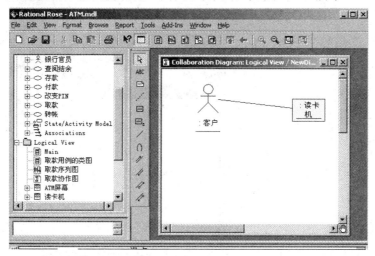

图 11-35　增加对象链接

2. 加进消息

(1) 在工具栏中选择【Link Message】或【Reverse Link Message】按钮。

(2) 单击要放消息的对象链接。

(3) 双击消息，可以在弹出的对话框里为消息命名，如图 11-36 所示。

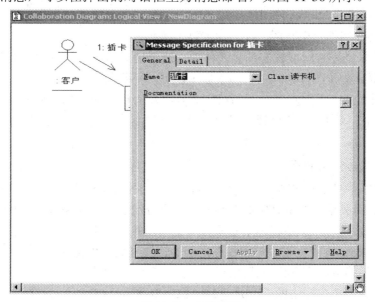

图 11-36　加进消息

3. 自反链接

(1) 在工具栏中选择【Link to Self】按钮。

(2) 单击要链接的对象，会增加一个消息的箭头。

(3) 双击消息，命名自反链接，如图 11-37 所示。

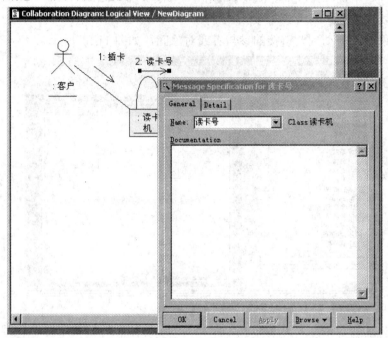

图 11-37　建立自反链接

四、顺序图与协作图的比较

1. 顺序图与协作图的区别

顺序图与协作图都是交互图，其区别主要表现在：

(1) 顺序图强调按时间展开的消息的传递，清晰地显示了时间次序；对简单的迭代和分支的可视化要比协作图好，常用于场景显示，可以不要顺序号。

(2) 协作图强调交互中实例之间的结构关系以及所传送的消息，清晰地显示了对象间关系；对复杂的迭代和分支的可视化以及对多并发控制流的可视化要比时序图好，常用于显示过程设计细节，有路径和顺序号。

2. 顺序图与协作图的互换

UML 中的顺序图和协作图都是用来表示对象之间的交互作用，其中顺序图侧重于描述交互过程中的时间关系，对象之间的关系描述不十分清楚；协作图侧重于描述交互过程中的对象之间的关系，时间顺序描述不是十分清楚。因此，从某种意义上来说，这两种图的作用是等价的，Rose 中也提供了这两种图之间的转换方式，步骤如下：

(1) 打开要转换的顺序图或协作图。

(2) 依次选择主菜单栏中的【Browse】→【Go To Sequence Diagram】，即可将当前的协作图转换成顺序图，如图 11-38 所示。

图 11-38　选择转换到顺序图

✦✦✦✦✦　习　　题　✦✦✦✦✦

1. 利用 Rational Rose 绘制账目类的状态图。

理解：银行账目可能有几种不同的状态，可以打开、关闭或透支。账目在不同状态下的功能是不同的，账目可以从一种状态变到另一种状态。例如，账目打开而客户请求关闭账目时，账目转入关闭状态。客户请求是事件，事件导致账目从一个状态过渡到另一个状态。

如果账目打开而客户要取钱，则账目可能转入透支状态。这发生在账目结余小于 0 时，框图中显示为"[结余<0]"。方括号中的条件称为保证条件，控制状态的过渡能不能发生。

对象处在特定状态时可能发生某种事件。例如，账目透支时，要通知客户。

2. 利用 Rational Rose 绘制 ATM 系统中"客户插入卡"的活动图。

理解：客户插入信用卡之后，可以看到 ATM 系统运行了三个并发的活动：验证卡、验证 PIN(密码)和验证余额。这三个验证都结束之后，ATM 系统根据这三个验证的结果来执行下一步的活动。如果卡正常、密码正确且通过余额验证，则 ATM 系统接下来询问客户有哪些要求也就是要执行什么操作。如果验证卡、验证 PIN(密码)和验证余额这三个验证有任何一个通不过，ATM 系统就把相应的出错信息在 ATM 屏幕上显示给客户。

3. 利用 Rational Rose 绘制某客户 Joe 取 20 美元的顺序图。

理解：序列图显示了用例中的功能流程。我们对取款这个用例分析，它有很多可能的程序，如想取钱而没钱，想取钱而 PIN 错等，正常的情况是取到了钱，下面的序列图就对某客户 Joe 取 20 美元，分析它的序列图。

序列图的顶部一般先放置的是取款这个用例涉及的参与者，然后放置系统完成取款用例所需的对象，每个箭头表示参与者和对象或对象之间为了完成特定功能而要传递的消息。

取款这个用例从客户把卡插入读卡机开始，然后读卡机读卡号，初始化 ATM 屏幕，并打开 Joe 的账目对象。屏幕提示输入 PIN，Joe 输入 PIN(1234)，然后屏幕验证 PIN 与账目对象，发出相符的信息。屏幕向 Joe 提供选项，Joe 选择取钱，然后屏幕提示 Joe 输入金额，它选择 20 美元。然后屏幕从账目中取钱，启动一系列账目对象要完成的过程。首先，验证 Joe 账目中至少有 20 美元；然后，它从中扣掉 20 美元，再让取款机提供 20 美元的现金。Joe 的账目还让取款机提供收据，最后它让读卡机退卡(见图 11-39)。

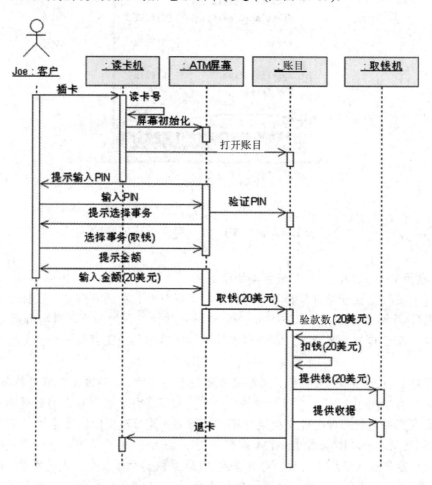

图 11-39　顺序图

4. 利用 Rational Rose 绘制某客户 Joe 取 20 美元的协作图。

理解：协作图显示的信息和序列图是相同的，只是协作图用不同的方式显示而已。序列图显示的是对象和参与者随时间变化的交互，而协作图则不参照时间而显示对象与参与者的交互。

例如，从 Joe 取 20 美元的协作图中可以看到读卡机和 Joe 的账目两个对象之间的交互：读卡机指示 Joe 的账目打开，Joe 的账目让读卡机退卡。直接相互通信的对象之间有一条直线，例如 ATM 屏幕和读卡机直接相互通信，则其间画一条直线，没有画直线的对象之间不直接通信。

项目十二　物　理　建　模

　　本项目主要介绍应用 UML 进行软件系统物理建模的基本内容和建模方法。系统物理建模是指在系统的逻辑设计之后，设计执行文件、库和文档等的物理结构。在面向对象系统物理建模时要用到组件图和部署图。

知识目标

　　(1) 掌握组件图及功能。
　　(2) 掌握部署图及功能。

能力目标

　　使用 Rational Rose 建模工具绘制组件图和部署图。

任务一　认识物理建模

　　前面项目主要对系统的行为结构、静态结构和动态结构进行建模，在完成系统的逻辑设计之后，需要进一步描述系统的物理实现和物理运行情况。组件图提供系统的物理视图，在一个非常高的层次上显示系统中的构件与构件之间的依赖关系。部署图对物理运行情况进行建模，表示该软件系统如何部署到硬件环境中，显示该系统的不同组件将在何处物理运行，以及它们将如何彼此通信。

　　系统模型的大部分图是反应系统的逻辑和设计方面的信息，它们独立于系统的最终实现单元。为了描述系统实现方面的信息，达到系统具有可重用性和可操作性的目的，在 UML 中通过组建图和部署图来表示实现单元。

　　进行物理建模的主要目的是解决以下问题：

　　• 类和对象物理上分布在哪一个程序或进程中？

　　• 程序和进程在哪台计算机上运行？

　　• 系统中有哪些计算机和其他的硬件设备，它们如何连接在一起？

　　• 不同的代码文件之间有何关联？如果某一文件被改变，其他的文件是否需要重新编译？

任务二　认识组件图

一、组件图概述

组件图描述了软件的组成和具体结构，表示了系统的静态部分，它能够帮助开发人员从总体上认识系统。用户通常采用组件图来描述可执行程序的结构、源代码、物理数据库组成和结构。

通过组件图可以清晰地表示出软件的所有源文件之间的关系，这样开发者就可以更好地理解各个源代码文件之间的依赖关系，所以组件图对源文件建模就显得比较重要。在对源程序进行建模时，通常应遵从以下原则：

• 在正向工程或逆向工程中，识别出要重点描述的每个源代码文件，并把每个源代码文件标识为构件。

• 如果系统较大，包含的构件很多，就利用包来对组件进行分组。

• 找出源代码之间的编译依赖关系，并用工具管理这些依赖关系。

• 给现有系统确定一个版本号，在组件图中，采用约束来表示源代码的版本号、作者和最后的修改日期等信息。

在 UML 中，组件用一个左边带有两个小矩形的符号来表示。组件名放在组件符号的下面或写在组件符号的大矩形内。如图 12-1 及图 12-2 所示。

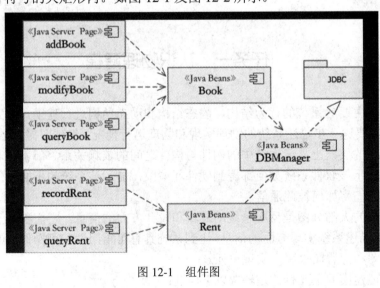

图 12-1　组件图

图 12-2　组件

二、组件图的组成

组件图中通常包含三种元素：组件、接口和依赖关系。每个组件实现一些接口，并使用另外的接口。如果组件间的依赖关系与接口有关，那么可被具有同样接口的其他组件所替代。

1．组件

组件是定义了良好接口的物理实现单元，是系统中可替换的物理部件。组件表示将类、接口等逻辑元素打包而成的物理模块。

1）名称

每个组件都必须有一个不同于其他组件的名称。组件的名称是一个字符串，位于组件图标的内部。在实际应用中，组件名称通常是从现实的词汇中抽取出来的名词或名词短语，并根据目标操作系统添加相应的扩展名，如".java"或".exe"等。

2）组件的种类

组件通常包括编译时的源组件、链接时的二进制组件和运行时的可执行组件三种类型。

• 源组件：源组件只在编译时有意义。通常情况下，源组件是指实现一个或多个类的源代码文件。

• 二进制组件：通常情况下，二进制组件是指对象代码，它是源组件的编译结果。它应该是一个对象代码文件，一个静态库文件或一个动态库文件。二进制组件只有在链接时才有意义。如果是动态库文件，则在运行时有意义。

• 可执行组件：可执行组件是一个可执行的程序文件，它是链接所有二进制组件所得到的结果。

2．接口

在组件图中，组件可以通过其他组件的接口来使用其他组件中定义的操作。通过使用命名接口，可以避免在系统中各个组件之间直接发生依赖关系，有利于组件的替换。组件图中的接口使用一个小圆圈表示。

3．接口和组件的关系

接口和组件的关系分为两种：实现关系和依赖关系。接口和组件之间用实线连接表示实现关系，如图12-3所示，接口和组件之间用虚线箭头表示依赖关系。

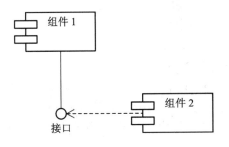

图12-3　组件图中的接口

三、使用 Rational Rose 绘制组件图

1．创建组件图

创建组件图的过程如图 12-4 所示：

(1) 右键单击浏览器中的【Component】视图。

(2) 选择"New"→"Component Diagram"，并命名新的框图。

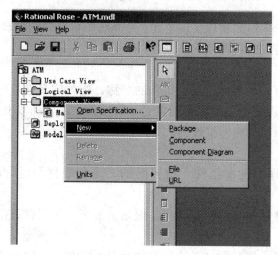

图 12-4　创建构件图

2．把构件加入框图

把构件加入框图的过程如图 12-5 所示：

(1) 选择【Component】工具栏按钮，单击框图增加构件，并命名构件。

(2) 右键单击构件，选择"Open Specification"，在"Stereotype"中设置构件版型。

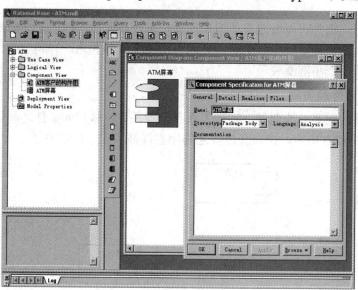

图 12-5　设置构件版型

任务三　认识部署图

一、部署图概述

部署图(Deployment Diagram)用来显示系统中软件和硬件的物理架构。从部署图中,可以了解到软件和硬件组件之间的物理关系以及处理节点的组件分布情况。使用部署图可以显示运行时系统的结构,同时还可传达构成应用程序的硬件和软件元素的配置和部署方式,如图 12-6 所示。

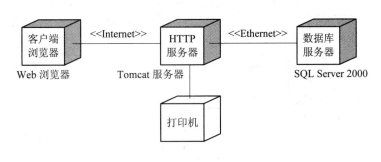

图 12-6　部署图

创建一个部署模型的目的有以下几点:
- 描述系统投产的相关问题。
- 描述系统与生产环境中的其他系统间的依赖关系,这些系统可能是已经存在的,或是将要引入的。
- 描述一个商业应用主要的部署结构。
- 设计一个嵌入系统的硬件和软件结构。
- 描述一个组织的硬件/网络基础结构。

二、部署图的组成

部署图通常包括 2 种元素:结点和关联关系。

1. 结点

节点是拥有某些计算资源的物理对象。这些资源包括:带处理器的计算机,外部设备(如打印机、读卡机、通信设备等)。

1) 名称

一个节点用名称区别于其他节点。节点的名称是一个字符串,位于节点的图标内部。

2) 节点的种类

在应用部署图建模时,通常可以将节点分为处理器和设备两种类型,如图 12-7 所示。

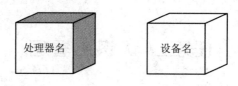

图 12-7　结点

2. 关联关系

部署图节点间通过通信关联在一起。在 UML 中，这种通信关联用一条直线表示，如图 12-8 所示，说明在节点间存在某类通信路径，节点通过这条通信路径交换对象或发送消息。

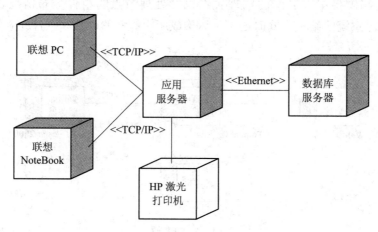

图 12-8　节点间的通信关联

3. 组件

在部署图中，可以将可执行组件的实例包含在节点实例符号中，表示它们处在同一个节点实例上，且在同一个节点实例上执行。从节点类型可以画一条带有构造型<<support>>的相关性箭头线到运行时的组件类型，说明该节点支持指定组件。当一个节点类型支持一个组件类型时，允许在该节点类型实例上执行它所支持的组件的实例。

三、使用 Rational Rose 绘制部署图

部署图显示网络的物理布局，系统中涉及的处理器、设备、连接和过程。处理器是网络中处理功能所在的机器，包括服务器和工作站，不包括打印机、扫描仪之类的设备。处理器用来运行进程(执行代码)。一个项目只有一个部署图。

1. 创建部署图

创建部署图的过程如图 12-9 所示：

(1) 双击 Deployment 视图。

(2) 选择【Processor】工具栏按钮，单击框图增加处理器，并命名处理器。

(3) 在 Deployment 视图中右击处理器并选择"New"→"Process"，命名进程。

(4) 在框图中右击处理器，对"Show Processes"打钩，可以在框图中显示该处理器的进程。

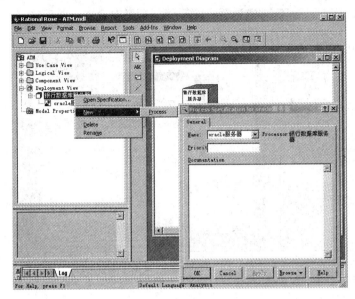

图 12-9 创建实施图

2. 把设备加入到框图中

把设备加入到框图中的过程如图 12-10 所示:

(1) 选择【Device】工具栏按钮。

(2) 单击框图增加设备，并命名。

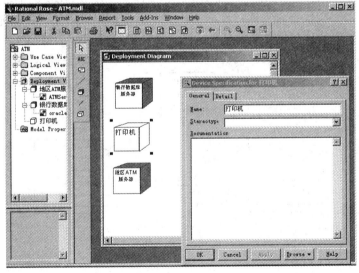

图 12-10 加入设备

3. 把连接加进框图

把连接加进框图中的过程如图 12-11 所示:

(1) 选择【Connection】工具栏按钮。

(2) 单击要连接的一个处理器或设备，拖动到要连接的另一个处理器或设备。

(3) 命名连接。

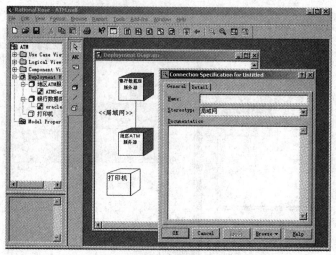

图 12-11　加入连接

◆◆◆◆◆ 习　　题 ◆◆◆◆◆

1. ATM 系统客户的组件图(见图 12-12)。

理解: 例如用 C++建立系统，每个类有自己的头文件和体文件，因此图中每个类映射自己的组件，例如 ATM 屏幕类映射两个 ATM 屏幕组件，这两个 ATM 屏幕组件表示 ATM 屏幕类的头和体。阴影构件称为包体，表示 C++中 ATM 屏幕类的体文件(.cpp)，构件版型是 Package Body。无阴影的构件称为包规范，这个包规范表示 C++类的头文件(.H)，构件版型是 Package Specification。构件 ATM.exe 是个任务规范，表示处理线程，是一个可执行程序。

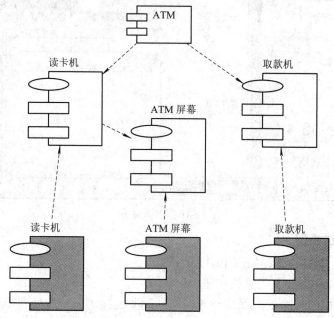

图 12-12　ATM 系统的组件图

2. **ATM 系统的部署图**(见图 12-13)

　　理解： ATM 系统的部署图显示了系统的主要布局。ATM 客户机可执行文件在不同地点的多个 ATM 上运行。ATM 客户机通过专用网与地区 ATM 服务器通信。ATM 服务器上的可执行文件在地区 ATM 服务器上执行。地区 ATM 服务器又通过局域网与运行 Oracle 的银行数据库服务器通信。最后，打印机与地区 ATM 服务器连接。

　　ATM 系统采用了三层结构，分别针对数据库、地区 ATM 服务器和客户机。

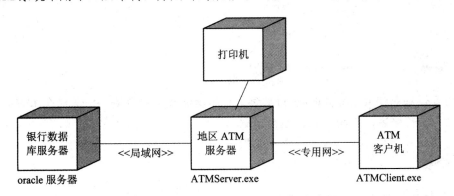

图 12-13　ATM 系统的部署图

项目十三　双向工程

项目引导

　　本项目详细介绍 Rational Rose 的双向工程的功能及操作方法。Rose 双向工程的主要内容有：双向工程概述、正向工程、逆向工程。

知识目标

　　(1) 掌握从模型到代码的正向工程。
　　(2) 掌握从代码到模型的逆向工程。

能力目标

　　使用 Rational Rose 建模工具操作模型到代码的转换以及从代码到模型的转换。

任务一　认识双向工程

　　Rose 的双向工程包括正向工程和逆向工程。正向工程就是从 UML 模型到具体语言代码的过程，而逆向工程是在软件开发环境中由具体的语言到 UML 模型的过程。
　　使用正向工程，一旦软件系统的设计完成后，开发者可以借助于正向工程直接由 UML 模型生成程序代码框架，提高开发效率。借助于逆向工程，开发者可以通过程序源代码得到软件系统的设计模型和设计文档。

任务二　正向工程

一、正向工程概述

　　正向工程是从模型图到代码框架的过程。通过将软件模型对某种特定语言的映射可以从 UML 图得到该语言的代码，帮助开发者节约许多编写类、定义属性和方法等重复性工作的时间。

对一个 Java 模型元素进行正向工程时，模型的特征会映射到对应的 Java 语言的特征。Rose 中类图中的一个类会通过组件生成一个 ".Java" 文件；Rose 中的包会生成 Java 中的一个包。对于其他语言而言，生成过程大同小异，在此不做详细介绍。

二、使用 Rose 的正向工程将类图生成 Java 代码

(1) 设置默认语言为 Java。在主菜单栏中依次选择【Tools】→【Options】菜单，选择【Notation】选项卡，选择 "default" 列表框中的语言为 Java，如图 13-1 所示。

(2) 设置环境变量 ClassPath。在主菜单栏中依次选择【Tools】→【Java/J2EE】→【Project Specification】菜单，选择【ClassPath】选项卡，通过提供的路径操作按钮创建保存 Java 文件的目录(如 D:\temp)，如图 13-2 所示。

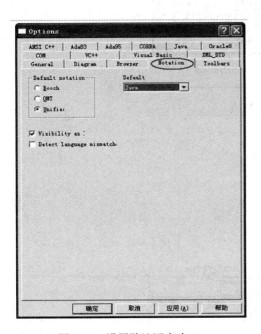

图 13-1 设置默认语言为 java

图 13-2 设置 Classpath

(3) 设置代码生成属性。在 "正向工程项目属性" 对话框中，选择【Code Generation】选项卡，对正向工程的属性进行相关设置，如图 13-3 所示。

(4) 进行语法检查。在图 13-4 所示的【Tools】→【Java/J2EE】菜单中选择【Syntax Check】进行语法检查并根据日志中的提示进行修正。也可以使用【Tools】→【Check Model】菜单，对整个模型进行检查，如果有错误将在日志窗口中显示，根据日志进行错误的修改。

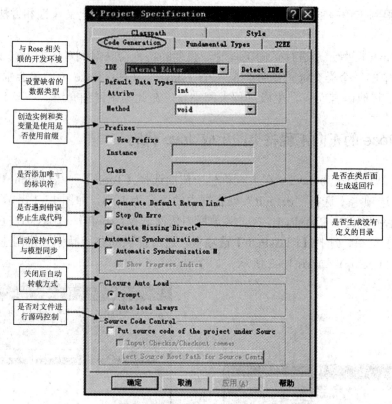

图 13-3　设置 Code Generation

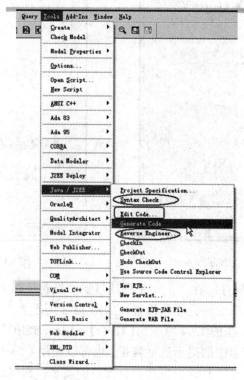

图 13-4　选择生成代码

(5) 指定保存路径及名称。打开设计好的类图，选中要生成的 java 文件类，依次选择【Tools】→【Java/J2EE】→【Generate Code】菜单，如图 13-4 所示。打开"Assing CLASSPATH Entries"对话框，按要求指定保存生成的 java 文件的路径以及包名和组件名称。

(6) 完成代码的生成。指定 CLASSPATH 路径后，单击【OK】按钮，执行代码生成操作。如果在代码生成过程出现问题，会打开如下图 13-5 所示的对话框，同时在 Rose 的日志显示区域会显示代码生成过程中的信息。

图 13-5 代码生成警告对话框

代码生成后，可以在保存 Java 文件夹路径(这里为 D:\temp)中查看所生成的 Java 文件。如图 13-6 所示。

图 13-6 正向工程生成的 java 文件

(7) 编辑代码。代码生成后，可以在如图 13-7 所示的右键菜单中选择【Edit Code】在 Rose 中查看并编辑新生成的代码。

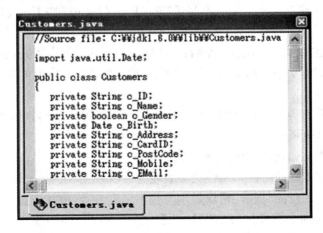

图 13-7 编辑代码

任务三　逆 向 工 程

一、逆向工程概述

Rational Rose 逆向工程就是从现有系统的代码来生成模型的功能。逆向工程通常在迭代过程结束后，重新同步模型和代码时非常有用。在一个迭代开发周期中，对于原有模型的实现，可能会加入许多新的类、属性或方法，这样就可能造成设计模型和实现模型不一致。这时候，采用逆向工程就可以实现设计模型和实现模型的同步。同时，通过逆向工程可以分析已有的代码，了解代码结构与数据结构，这些代码对应到模型图就是类图、数据模型图与组件图。Rational Rose 所支持的逆向工程功能很强大，包括的编程语言有 C++、VB、VC、CORBA、Java 等，并且可以直接连接 DB2、SQL Server、Oracle、Sybase 等数据库，还可以导入 Schema 并且生成数据模型。

很多大型软件系统的开发都涉及数据库的使用，对这种大型系统的开发，尤其是做二次开发的情况下，主要的难点就是对源代码与数据库结构的分析。利用 Rose 的逆向工程这一功能，就可以完成代码、类图以及数据库 Schema 到数据模型图的转换。假设现有图书管理系统中的图书类 Book.Java 代码如图 13-8 所示。

```
public class Book
{
    private int ID;
    private String name;
    private String publisher;
    private String author;
    private double price;
    private String description;
    public Book()
    {  }
    public void add()
    {  }
    public void update()
    {  }
    public void delete()
    {  }
    public void getName()
    {  }
    public void setName()
    {  }
}
```

图 13-8　Book.java 代码

二、使用 Rose 的逆向工程将已有的 java 源代码转换成 Rose 模型

下面是由 Book. java 源文件生成 Rose 类图。

(1) 选择 Java 逆向工程。依次选择【Tools】→【Java/J2EE】→【Reverse Engineer】菜单，如图 13-9 所示。打开"Java Reverse Engineer"(Java 逆向工程)对话框。

(2) 选择指定文件夹下(CLASSPATH)的 Java 源文件，单击【Reverse】按钮，执行从代码到模型的逆向转换，在 Rose 工程的视图区域中可以查看由逆向工程所生成的类，如图 13-10 所示。

(3) 将转换后的类添加到类图，使用鼠标将视图区域中的转换后的类(这里为 Book)拖放到绘图区域，即可得到对应的类图，如图 13-11 所示。

(4) 逆向工程(java)常见的问题解决过程如下：

① Rose 逆向工程的时候，属性类型表现为：Logical View::java::lang::。

② Rose 逆向工程的时候，错误显示为找不到类 。解决办法如下：

依次选择【Tools】→【Java/J2EE】→【Project Specification】菜单，如图 13-12 所示。选择【Classpath】选项卡，将相应的包加入即可，并设置好项目的相关项(如 Classpath)即可。

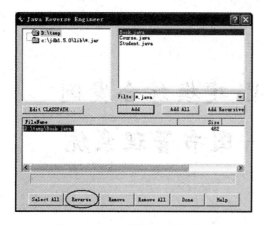

图 13-9　Java 逆向工程对话框

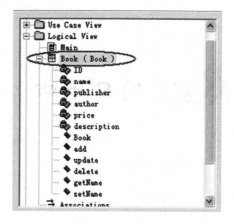

图 13-10　生成 UML 类

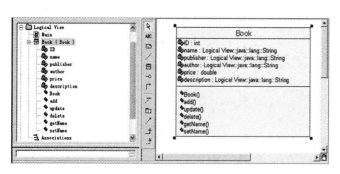

图 13-11　逆向工程得到的类图

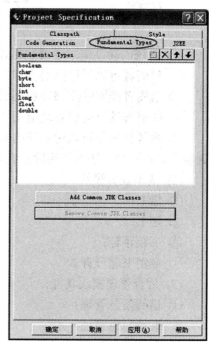

图 13-12　基本设置类型

✦✦✦✦✦ 习　　题 ✦✦✦✦✦

1. 什么是正向过程，使用 Rose 工具实现正向过程有哪些基本步骤？

2. 什么是逆向工程，逆向工程有哪些特点？

项目十四　UML 建模综合案例
——图书管理系统

任务一　需 求 分 析

(1) 系统的功能需求主要包括以下几个方面：

① 借阅者可以通过网络查询书籍信息和预订书籍；

② 借阅者能够借阅书籍和还书；

③ 图书管理员能够处理借阅者的借阅和还书请求；

④ 系统管理员可以对系统的数据进行维护，如增加、删除和更新书目，增加、删除和更新借阅者账户，增加和删除书籍。

(2) 基本业务模块：

① 借书；

② 还书；

③ 书籍预订；

④ 取消书籍预订。

(3) 后台管理模块功能：

① 借阅信息管理；

② 书籍信息管理；

③ 账户信息管理；

④ 书籍预留信息管理。

任务二　系统的 UML 基本模型

1. 系统的用例图——识别 Actor

创建用例图之前首先需要确定 Actor。

系统的 Actor 主要有三类：① 读者(也可称为借阅者)；② 图书馆管理员；③ 图书馆管理系统维护者。

(1) 借阅者 Actor 请求服务的用例图(见图 14-1)。

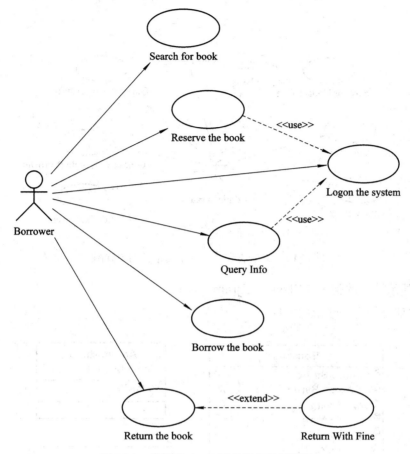

图 14-1　借阅者 Actor 请求服务的用例图

(2) 图书馆管理员处理借书、还书的用例图(见图 14-2)。

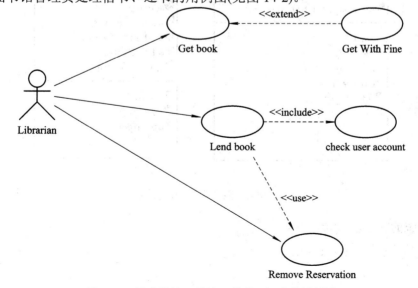

图 14-2　图书馆管理员处理借书、还书的用例图

(3) 系统管理员进行系统维护的用例图(见图 14-3)。

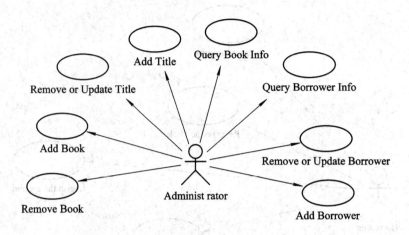

图 14-3　系统管理员进行系统维护的用例图

2. 构建系统中的类——Class Diagram

系统中部分的类图(见图 14-4)。

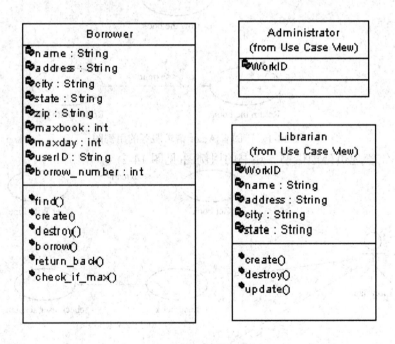

图 14-4　系统中部分的类图

3. 系统的状态图

(1) 书的状态图(见图 14-5)。

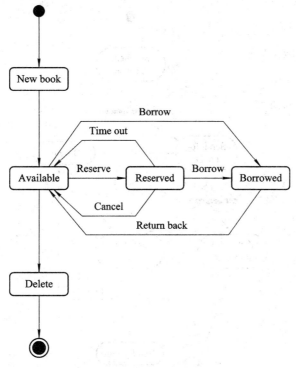

图 14-5　书的状态图

(2) 借阅者账户的状态图(见图 14-6)。

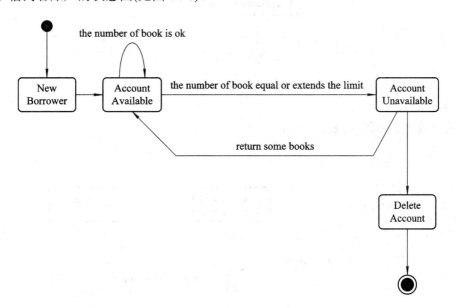

图 14-6　借阅者账户的状态图

4. 活动图

借阅者活动图(见图 14-7)。

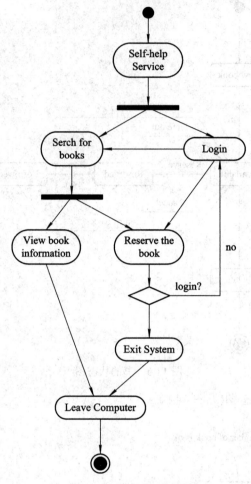

图 14-7　借阅者活动图

5．系统的顺序图

借阅者查询书籍信息(见图 14-8)。

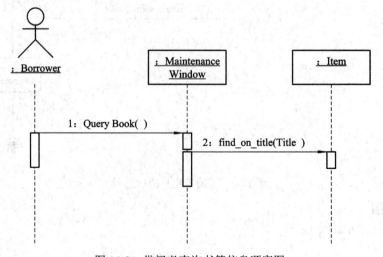

图 14-8　借阅者查询书籍信息顺序图

6．业务对象组件图

业务对象组件图(见图 14-9)。

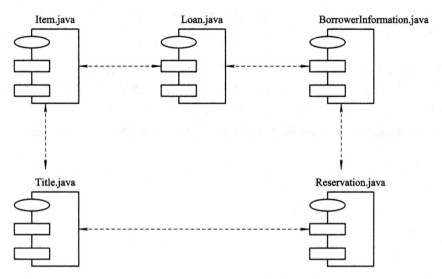

图 14-9　业务对象组件图

7．系统的配置图

系统的配置图(见图 14-10)。

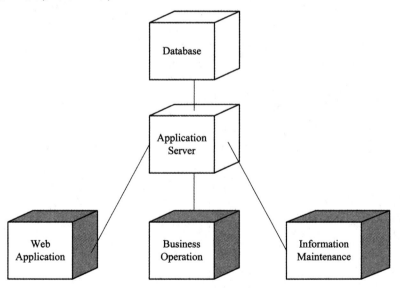

图 14-10　系统的配置图

参 考 文 献

[1]　罗炜，刘洁. 软件工程与 UML. 北京：高等教育出版社，2017.

[2]　刘振华，王晓蓓. 软件工程与 UML 项目化实用教程. 北京：清华大学出版社，2016.

[3]　张海藩. 软件工程导论. 6 版. 北京：清华大学出版社，2013.

[4]　https://wenku.baidu.com/view/4a2282d501f69e31433294cf.html?from=search.